OSCAR MAGOCSI

MEINE
WELTRAUM-ODYSSEE
IN UFOs

VENTLA-VERLAG WIESBADEN 13
1985

ISBN 3 88071 075 9

Titel der amerikanischen Ausgabe:
Oscar Magocsi
My Space Odyssey in UFOs

© (1979)
UFO Media
Publications Group
Ontario/Canada

Übersetzung: Reinhard Neher

Umschlagbild: Der ORION-Nebel (M 42, NGC 1976)
Der Durchmesser der hellen Nebelwolke beträgt rund 100 Lichtjahre.
Entfernung von der Erde ca. 1.700 Lichtjahre.
Teleskop-Foto der Mount Palomar Sternwarte/USA

© 1985
VENTLA-VERLAG · Postfach 13 01 85 · D-6200 Wiesbaden 13

Gesamtherstellung:
Druckerei Wahlwies · 7768 Stockach 14

Inhalt

Verzeichnis der Bilder und Karten

Vorwort

Es ist kein Zufall, daß Sie dieses Buch in Händen halten. Auch ist dies nicht irgendein x-beliebiges Buch, sondern eher eine codierte Übermittlung, von den Weltraum-Wesen an Sie gerichtet. Ich bin überzeugt davon, daß sie es zum größten Teil selbst übernommen haben, durch mich zu sprechen. Da sind verborgene Ansichten und Fingerzeige sorgfältig in das Gesamtmuster mit eingewoben und in vielen Passagen versteckt – besonders durch die seltsamen und erregenden letzten drei Kapitel hindurch. Sie zu entschlüsseln, kann zu dramatischen Erkenntnissen führen, ja sogar persönliche Hinweise über Ihre eigene, zukünftige Rolle bei den sich anbahnenden, kosmischen Ereignissen liefern. Die Lektüre bestimmter Teile kann ein einfühlendes Mitschwingen auslösen und Sie so direkt mit dem Kreis der Weltraumwesen verbinden. In jedem Fall schiffen Sie sich ein zu einer neuen Entdeckungsfahrt. Halten Sie also Ihre Sinne offen!

Gute Reise...

Der Verfasser O. M.

Zur deutschen Ausgabe

Wiederum ein Spitzen-Buch in seiner Einmaligkeit, gemessen an der Welt-UFO-Literatur. Da wir weniger an „Zufälle" glauben, sind wir mehr der Auffassung, daß dieses Werk sowie sein Autor uns nicht von ungefähr präsentiert wurden.

Es war ein sehr zu überdenkender Entschluß, nach den Super-Büchern „Erlebnisse jenseits der Lichtmauer", „Evakuierung in den Weltraum" und „Engel in Sternschiffen" dieses Werk von Oscar Magocsi „Meine Weltraum-Odyssee in UFOs" herauszugeben. Das Charakteristikum der drei erstgenannten Bücherthemen besteht bekanntlich darin, daß in logischer Steigerung die kosmischen Aspekte in die höher gelegenen Lichtsphären hineinleiten und sozusagen eine Trilogie von „normalen" Erdverhältnissen in kosmische Perspektiven und als Krönung in himmlische Sphären emporführen.

Alles setzt beim Studium einen bestimmten geistigen Entwicklungsgrad voraus, den unsere „erwählte" Leserschaft in erstaunlich hohem Maße besitzt, – während es schulwissenschaftlichen Disziplinen erscheint, als würden ihnen hundert „unlösbare" Sciencefiktive oder Phantasmagorien entgegentreten, die man mit leichter Handbewegung abtun könnte.

Dem unvoreingenommenen Studierenden hingegen wird bei der Kenntnisnahme von Magocsis Erlebnissen zweifelsfrei klar, daß er als zunächst scheinbarer Durchschnittsmensch mit Fragen, Kritik, Ergründenwollen und Elan sukzessive an die vor ihm liegenden Probleme standhaft herantritt.

Diese bewundernswerte Aktivität führt folgerichtig zu immer neuem, intensiverem Nachdenken und zu Fragestellungen, die er dann mit Hilfe seiner außerirdischen Freunde auch zu deren Freude in organischer Reihenfolge löst und ihm anschließend höhere Schwingungsebenen eröffnet.

Unwillkürlich wird man an die bedeutsame Forderung JESU erinnert: „Das Himmelreich leidet Gewalt; nur wer Gewalt gebraucht (Anstrengung nicht scheut, D. H.), reißt es an sich."

Somit stellt dieser ungewöhnliche Erlebnis- und Entwicklungsbericht für die verschiedensten Erkenntnisgrade unserer Leser eine nicht alltägliche Anregung zur modern gewordenen „Selbstverwirklichung" und zur Stärkung des eigenen Bemühungswillens dar.

Himmelfahrtstag, 16. Mai 1985   Karl L. Veit

1. Kapitel

Wie es begann

Die in Kapitel eins geschilderten Erlebnisse fanden zu folgenden Zeiten statt: 21. 9. 1974, 23.45 Uhr – 22. 9. 1974, 23.30 Uhr – 23. 9. 1974, 3.15 Uhr. Die darauffolgenden Ereignisse mündeten in äußerst fantastische Erfahrungen, öffneten völlig neue Welten und große kosmische Einsichten. Vielleicht mag es scheinen, daß ich nur zufällig zur richtigen Zeit dort gewesen sei, doch manchmal muß ich mich selbst fragen: war es wirklich nur Glückssache, oder blinder Zufall?

An jenem denkwürdigen Samstag – ich hatte Toronto bereits weit hinter mir – war ich auf dem Weg zu meinem Wochenendgrundstück in der Nähe des Muskoka-Flusses in der Gegend von Huntsville/Ontario. Obwohl mein Wochenendplatz nichts ist, um sich damit groß zu machen, bin ich doch sehr froh über diesen rauhen, anspruchslosen Platz. Es handelt sich um ein und einhalb Acre felsiges Hügelland, reich bedeckt mit Tannen und Fichten und von Wald umgeben. Ich kann nicht einmal direkt dort hinfahren, sondern muß neben der Landstraße parken und dann zu einer Lichtung auf einem felsigen Plateau hochklettern. Dort habe ich eine Gerätehütte, in der ich mein Campinggerät und Schlafsäcke für Übernachtungen aufbewahre. Der Platz für das Lagerfeuer ist einige Schritte entfernt, direkt an der Kante des felsigen Plateaus, von dem man eine Sicht auf die staubige Landstraße hat. Von hier aus hat man eine Rundsicht über die Baumspitzen entlang des Flußtales bis zu einer etwa eine Meile entfernten Hügelkette. Von diesem bevorzugten Platz aus konnte ich die Sonnenuntergänge hinter den entfernten Gebirgskämmen sowie die bisweilen auf der Landstraße entlangfahrenden Autos beobachten. Zur

Rückseite hin konnte ich die aufsteigende Linie riesiger Bäume entlang des sehr großen Abhangs sehen, der meine ebene Lichtung halb umsäumte.

Ich kaufte den Platz vor ein paar Jahren auf einen inneren Antrieb hin, denn ich verliebte mich unversehens in seinen feierlichen Charme. Manche Leute halten ihn für völlig ungeeignet, um irgendein „zivilisiertes Gebäude" zu errichten oder landschaftlich etwas daraus zu machen, und das stimmt auch. Aber dieser nutzlose Fleck romantischen Unsinns erwies sich als höchst nützlich für mich, um sich „von allem loszulösen". Dort konnte ich in tiefer Zufriedenheit die Zeit damit verbringen, Wege zu bahnen zu dem bewaldeten Abhang, Treppen und Geländer an höhergelegenen Terrassen zu bauen, die überhaupt keinem Zweck dienen sollten. Oder auch sonstige Arbeiten an „großen Projekten" zu tun, die bar jeglicher Bedeutung waren. Ich baute sogar eine leicht erhöhte hölzerne Plattform, die bei Tag als „Sonnendeck" diente und auf der ich in der Nacht sitzen und den sternenübersäten Himmel bestaunen konnte.

In jener denkwürdigen Septembernacht, da alles begann, saß ich noch spät an meinem Lagerfeuer. Ich war halb in Gedanken verloren, in den Anblick der züngelnden Flammen meines Lagerfeuers versunken. Die Nacht war klar und kühl, aber freundlich.

Ab und zu stand ich auf, um ein neues Stück Holz zu holen, damit das Feuer nicht ausgehen möge. Keine Seele war auf dem Weg, es war längst Schlafenszeit. Niemand war in der Nähe – so hoffte ich wenigstens – aber ich konnte das Gefühl nicht abschütteln, irgendeine nicht-konkretisierbare Aufmerksamkeit sei auf mich gerichtet.

Obwohl ich auch schon früher oft hier draußen saß oder umherging, hatte ich niemals zuvor eine ähnliche Empfindung gehabt. Ich glaubte aber auch nicht, daß ich sie mir nur einbildete. Es war nicht beängstigend, sondern eher ein angenehmes, gleichbleibendes Gefühl, geprüft zu werden; nicht von jemandem, sondern eher von „etwas".

Ich stand auf und entfernte mich etwas von dem Feuerplatz. Das Gefühl, beobachtet zu werden, hielt an, so als wolle jemand meine Gedanken ergründen. Als sich meine Augen an die Dunkelheit ringsum gewöhnt hatten, konnte ich langsam die Nadelspitzen des Sternenlichts oben am Himmel ausmachen. Dann fröstelte mich, und ich hielt vor Überraschung meinen Atem an.

Von hoch oben in der Luft pulsierte ein schwaches, orangefarbenes Licht zu mir her. Das Licht schien einfach nur da oben zu hängen, ein paar hundert Fuß über den Bäumen. Es war vielleicht eine halbe Meile entfernt, noch diesseits des gegenüberliegenden Gebirgskammes, und war völlig geräuschlos.

Nun veränderte sich die Farbe dieses mysteriösen Lichts langsam in ein fahles Blau-grün, dann wurde es wieder orange. Ich wußte sofort: Das war das „Etwas", das mich beobachtete. Ich war auch davon überzeugt, daß dies ein sogenanntes UFO sein mußte. Es gab auch einfach gar keine andere Erklärung.

Eine ganze Weile stand ich ehrfürchtig da und wagte nicht, einen Muskel zu bewegen, um ja das Objekt nicht zu verjagen. Meine Augen bemühten sich aber vergebens, irgendein Detail zu erfassen. Irgendwie wußte ich aber auch, daß „es" ganz genau wußte, was in mir vorging in diesen Augenblicken. Obwohl mir völlig klar war, daß ich in dieser Dunkelheit nicht gesehen werden konnte, hob ich meine Arme und schwenkte sie wie grüßend gegen das Licht. Sehr zu meiner Überraschung blinkte das

UFO zweimal, als ob es meine Geste verstanden hätte. Dann begann es senkrecht aufzusteigen und geriet außer Sicht. Dann kam es nochmals herunter, langsam wie ein fallendes Blatt, genau an den früheren Platz. Es blieb aber nicht lange; nach zwei weiteren „Blinkern" schoß es in einem aufsteigenden Bogen fort und verschwand bald in der samtenen Dunkelheit des sternenübersäten Himmels.

Das Gefühl des tiefen Geheimnisses hinter diesem UFO-Licht, des persönlichen Mich-Überprüfens und der kurze Demonstrationsflug bewegten mich tief. Ich konnte mir nicht vorstellen, daß all dieses Blinken und die Manöver bloße Zufälle ohne Bedeutung waren.

Ich entschloß mich, noch eine Weile wach zu bleiben und den Himmel nach weiteren sich bewegenden Lichtern zu durchforschen. Das Lagerfeuer war fast ausgegangen, und ich verlor das Interesse daran. Ich war tief in Gedanken, bewunderte die Sterne, und sah geistesabwesend einen fallenden Stern, der plötzlich stoppte und dann nach oben fiel. Nach oben? Mein Gott! Viel wahrscheinlicher, so nahm ich an, war es eine weitere UFO-Flugdemonstration.

Hierauf war nichts Ungewöhnliches mehr zu sehen. Es war recht spät, als ich widerwillig meine Nachtwache abbrach. So machte ich mich für die Nacht zurecht und wikkelte mich in meinen Schlafsack. Überraschend schnell war ich eingeschlafen, trotz meines erregten Zustandes. Mein Schlaf war jedoch ziemlich unruhig, da mir immer wieder träumte, irgend etwas Formloses versuche, mit mir Kontakt aufzunehmen. Aber es gelang mir nicht, irgend etwas zu begreifen, trotz der fortwährenden „Absicht", die auf mich gerichtet war.

Die Sonne stand schon hoch am Himmel, als ich am

nächsten Morgen erwachte. Nach einem herzhaften Frühstück, das ich auf meinem Campingherd bereitete, ging ich hinunter, um mich mit einigen kleinen Zimmermannsarbeiten zu beschäftigen, und später schlug ich Holz für das Lagerfeuer in der kommenden Nacht. Diese Art Arbeit schien mir niemals Zeitverschwendung zu sein. Im Gegenteil, es war befriedigend, irgendwie notwendig, anregend, ja inspirierend. Ja, so gesehen, war meine Routinearbeit im fernen Toronto einfältig und reine Zeitverschwendung.

Manchmal machte ich lange Spaziergänge in den Wäldern, hinunter zu verschiedenen verträumten Flecken am Flußufer, oder hoch hinauf an die Baumgrenze, zum Abhang des Gebirgskamms, dann wieder bergab in die Wüstenei des „Niemandslandes". Natürlich gehörte auch dieses Land irgend jemandem. Es sind viele tausend Acres, bewachsen mit Tannen und Fichten, bestens geeignet für Weihnachtsbäume. Dazwischen waren viele felsige Lichtungen und einige Wege für die Holzabfuhr. Während dieser Spaziergänge fand ich drei sehr ungewöhnliche Stellen, die irgendwie „magisch" wirkten. Magisch in dem Sinn, daß sie jeweils eine besänftigende Ruhe, eine belebende Kraft, oder eine beängstigende Unheimlichkeit ausstrahlten, alles mit genau abgezirkelten Grenzen.

Der „ruhige" Fleck liegt auf meinem Grundstück. Es ist ein unbewachsenes Plateau, ungefähr fünfzig Fuß oberhalb der Landstraße, und dort kann ich von Zeit zu Zeit den allerfriedlichsten Träumen nachhängen. Danach fühle ich mich immer regelrecht verjüngt und schärfer „focussiert". Der „kraftspendende" Fleck befindet sich einige hundert Yards weit entfernt auf einer Lichtung im „Niemandsland".

Dort hat es den Anschein, als flössen bisweilen kraftvolle Energieströme aus dem Grund um mich herum und durch

14

mich hindurch, so, als ob mein ganzes System neu aufgeladen würde und mir körperliche Kraft zukomme. Nur einmal entdeckte ich etwas ungewöhnlich Seltsames... ein leichtes Zittern kam aus dem Boden, gefolgt von einer Serie leichter Erschütterungen, was mich Hals über Kopf die Flucht ergreifen ließ.

Der „unheimliche Fleck" liegt ebenfalls einige hundert Yards von meinem Grundstück entfernt, jedoch in anderer Richtung, so daß sich insgesamt ein Dreieck formiert. Der Fleck ist am Ende eines Abhangs, mit guter Rundsicht. Wenn ich dort in der Dämmerung oder bei Mondlicht saß, schienen sich feine Veränderungen in Teilen der umfassenden Rundsicht zu ereignen – oder aber in der Luft selbst. Diese Veränderungen nehmen zeitweise verschiedene Farben und Muster an, während sie seltsame Lautvibrationen in sich tragen, als kämen sie von einer anderen Welt. Es ist unheimlich, wenn dies geschieht, was aber nicht immer der Fall ist.

Obwohl ich mich den ganzen Tag über mit kleineren Arbeiten beschäftigte, kehrten meine Gedanken doch immer wieder zu den seltsamen Ereignissen der vergangenen Nacht zurück. Tatsächlich freute ich mich sogar auf die nächste Nachtwache, in der Hoffnung auf weitere Aktivitäten der unbekannten Flugobjekte.

Zu meiner großen Enttäuschung begann es am späten Nachmittag heftig zu regnen, und es sah nicht danach aus, als würde es bald wieder aufhören. Ich fühlte mich etwas ruhelos, stieg in meinen Wagen und fuhr in die nahegelegene Stadt Huntsville. Dort verbrachte ich die Zeit damit, in Büchern und Zeitschriften zu schmökern, und anschließend ging ich ins Kino.

Es war ungefähr elf Uhr nachts, als ich aus der Stadt herausfuhr, in Richtung auf mein Grundstück. Obwohl es

dem Anschein nach schon seit einiger Zeit zu regnen auf-
gehört hatte, war die Luft sehr feucht und Nebelfetzen
trieben über den fast verlassenen Highway dahin. Weil es
später Sonntagabend war, mußten die „Wochenendler"
längst in die Stadt zurückgefahren sein. Da ich nicht vor
Montag abend in Toronto sein mußte, hatte ich ursprünglich die Absicht, noch eine Nacht hier zu bleiben.
Aber Pech – mit Kälte und Nebel versprach der Aufenthalt nicht gerade angenehm zu werden. Sicher war kein
Lagerfeuer möglich. Somit waren also die Chancen für
eine weitere UFO-Sichtung bei dieser Wetterlage sehr
gering.

Ich bog von der Hauptstraße in die kurvenreiche Landstraße ab, die zu meinem Platz führte. In weniger als einer
Meile Entfernung vom Highway führt die Landstraße in
einer steilen Abwärtskurve zu einer einspurigen Brücke
über den Muskoka-Fluß. Ich verlangsamte mein Tempo
fast bis zum Stillstand und versuchte, das Tal unter mir
auszumachen. Die Nebelfetzen schienen sich zu vertei-
len.

Plötzlich hörte ich ein lärmendes Geräusch, dann tauchte
ein unheimliches, grünliches, von oben kommendes
Licht das Land in Helligkeit. Gleichzeitig ging der Motor
meines Wagens aus. Das Licht von oben wurde stetig
stärker, so als käme seine Lichtquelle von hinten allmählich näher.

Als ich meinen Kopf aus dem Wagen herausstreckte, um
besser zu sehen, fegte eine Windboe den sich auflösenden
Nebel vollends hinweg, und die Lichtquelle von oben
kam nahezu geräuschlos in Sicht. Es war ein diskusförmi-
ges Objekt, mit einem gleichmäßigen gelb-grünen Glühen um ein pulsierendes blaues Licht im Mittelpunkt.
Einwandfrei ein UFO!, stellte ich fest. Es war vielleicht
ein paar hundert Fuß hoch, eine nebelhafte Erscheinung

ohne Einzelheiten, und es erzeugte ein schwaches, surrendes Geräusch, als es langsam über das Tal hinweg flog.

Dann stoppte die Scheibe mitten in der Luft, schwebte über dem gegenüberliegenden Hügel, ungefähr über dem Platz, wo mein Grundstück lag. Mein Gott! dachte ich. Wollte es dort landen? Will es mir einen Besuch abstatten, oder was sonst? Während es dort schwebte, wechselte die Farbe in orange, und es begann zu pulsieren, als wolle es dort unten etwas oder jemanden überprüfen. Vielleicht sollte ich schnell herüber kommen und es aus der Nähe betrachten. Ich versuchte den Wagen zu starten, aber der Motor sprang nicht an. Zu dumm, aber vielleicht sollte ich mich eben doch nicht der Erscheinung nähern.

Die heftige Welle der Erregung, die mich ursprünglich übermannte, wich nun einer ruhigen, gelassenen Haltung. Ja, der orangefarbene pulsierende Lichtschein begann mich sogar in einen schläfrigen Zustand zu versetzen. Glücklicherweise verdeckten die immer noch vorhandenen dahindriftenden Nebelfetzen bisweilen die schwebende Scheibe, andernfalls wäre ich wohl sogar eingeschlafen.

Nun änderte die Scheibe ihre Farbe in ein gleichmäßiges Grün, dann setzte sie sich in Bewegung, machte einen Bogen und geriet hinter dem Hügel außer Sicht, als wolle sie im „Niemandsland" landen.

Gleichzeitig verschwand auch plötzlich meine Schläfrigkeit, und ich fühlte aufs neue Erregung und Neugier in mir lebendig werden. Ich drehte den Zündschlüssel noch einmal, und diesmal startete der Wagen einwandfrei. Ich ließ den Motor laufen, beschloß aber, noch stehen zu bleiben und die weitere Entwicklung abzuwarten. Aber nichts passierte, und so gab ich nach zehn Minuten meine Überwachung auf. Ich erwog, hinter den Hügel zu fahren, wo das UFO verschwand, in der Hoffnung, es von der Nähe zu sehen, wenn es wirklich dort landete. Aber in der gleichen Minute, in der ich mich entschloß zu gehen und nachzuforschen, begannen allerlei Befürchtungen und Einwendungen in mir lebendig zu werden.

Über meine sonderbaren Reaktionen begann ich mich selbst zu wundern. Da war erstens die übermäßige Müdigkeit, trotz der erregenden Umstände, dann deren plötzliches Verschwinden, genau als der Diskus sein Pulsieren änderte und außer Sicht geriet. Zweitens der Anfall starker negativer Empfindungen, die meine Neugier und meinen Forschungsdrang zu ersticken drohten. Wurden etwa diese Regungen in mir direkt oder indirekt vom Flugkörper aus veranlaßt? Wenn ich zurückdachte an die vergangene Nacht, als ich das Gefühl hatte, überwacht und überprüft zu werden, kam ich zu dem Schluß, daß dem allem ein ganz bestimmter Plan zugrunde lag, und dies auch aus einer ganz bestimmten Absicht. Ich war mir sicher, daß hier ein Versuch telepathischer Kontaktaufnahme vorlag, so phantastisch es auch klingen mag.

Nun, im Geist zuckte ich die Achseln, mochte Spuk oder sonstwas im Spiel sein, ich würde selbst weitersehen müssen, wie sich die Dinge entwickelten – mag die Hölle oder heißes Wasser kommen. Und so gewann meine angeborene Hartnäckigkeit die Oberhand und – obwohl ich mich immer ängstlicher fühlte, fuhr ich den Hügel hinunter über die Brücke.

An einer Biegung hinter der Brücke fuhr ich fast über ein großes dunkles Etwas, das die Kreuzung blockierte. Im selben Augenblick wurde ich vom Strahl einer orangefarbenen Lichtquelle geblendet, die von dem dunklen, unförmigen „Etwas" ausging. Ich riß den Wagen zur Seite und stoppte – das heißt, gestoppt hätte ich in jedem Fall, denn der Motor war stehengeblieben. Der starke orangefarbene Suchscheinwerfer ging aus. Übrig blieb nur das Licht meiner Scheinwerfer, das einen kaum sichtbaren Reflex auf dem dunklen Hindernis bildete.

Soviel ich erkennen konnte, sah das Hindernis entfernt einem sternenbesetzten Motorradfahrer ähnlich, mit einem ausgefallenen Helm und einer teleskopartigen Schutzbrille, der auf einer Art Schneemobil saß. Ein Schneemobil im Sommer? Doch das war mein erster, fast automatischer Eindruck. Später, als meine Augen besser an die Dunkelheit gewöhnt waren, schaute ich länger und genauer hin. Dabei wurde mir klar, daß meine Wahrnehmung unbefriedigend und skizzenhaft war, und daß meine Sinne unfreiwilligerweise versuchten, etwas in vertrauten Ausdrücken zu schildern, etwa so, wie wenn man einer zufälligen Anordnung von Flecken an einer Wand eine bestimmte Bedeutung beimißt. Nun, das nur am Rande über „objektive" menschliche Beobachtungsgabe.

Eine Stimme, die aus dem verschwommenen Hindernis kam, schreckte mich auf:

„Warum so eilig?"
„Nun, ob Sie's glauben oder nicht, ich bin hinter einem UFO her, das gerade hinter dem Hügel verschwand." Fast ärgerlich schrie ich das heraus. Das ging „Den" doch nichts an – oder vielleicht doch?

Die Antwort des „Hindernisses" kam in einem stark vibrierenden Ton, jedoch ohne jede Emotion. Es war etwas seltsames, unirdisches um diese Stimme. Als ob sie nicht völlig menschlich war.

„Ist das nicht zu riskant? Das könnte doch sehr gefährlich sein."

„Wahrscheinlich, ich nehme es an, und das sagt mir auch mein eigenes besseres Urteil. Aber trotzdem will ich schnellstens hin."

„Das ist sehr, sehr kaltblütig. Und Sie haben keine Angst?"

„Nun, um die Wahrheit zu sagen, ich bin ehrlich aufgeregt und nervös. Doch, heißköpfig und stur, wie ich bin, was könnte ein sich selbstachtender Wahnsinniger anderes tun?" Ich stammelte nervös weiter und ärgerte mich selbst darüber. Ich war wie aus den Angeln gehoben. „Wie ’Neugier war der Katze Tod’ und all das, wenn Sie wissen, was ich ausdrücken will."

„Ich weiß nicht, was Sie meinen, Sie benützen ungewöhnliche Ausdrücke. Was ich begreife, ist, daß Sie selbst gehen und sehen müssen, ungeachtet möglicher Folgen."

’Der muß mich auch noch dazu treiben’, dachte ich verwundert. Niemand spricht so – außer er ist irgendein Spaßvogel, der eine dumme Eselei mit mir treibt, oder ein echter, extraterrestrischer Ufonaut, oder ein Roboter aus einem schlechten Film, oder ein verrückter Zentaur in einem Phantasie-Fahrzeug, oder was sonst – was? Ich kämpfte damit, munter zu bleiben, Schläfrigkeit schien sich wieder meiner zu bemächtigen, ohne jede Vorwarnung. Ich muß die Dinge beobachten, und nicht dieses transistorradio-ähnliche Gerät, das diesem Wesen da vor der Brust hing und einen schwachen, orangefarbenen pulsierenden Schein von sich zu geben schien.

Ich schaute weg. Was sollte ich sagen? Es war egal, nahm ich an. Ich war müde, brauchte Schlaf. Was zum Teufel tat ich hier überhaupt, warum ging ich nicht sofort zu Bett?

Dann ermannte ich mich gewaltsam und sagte:

„Freund, wer oder was immer Du sein magst. Ob Recht oder Unrecht, ich will nach eigenem Willen handeln, oh-

Ich kam ziemlich schnell in Toronto an. Zu Hause, nach einem erfrischenden Bad, trat ich auf den Balkon, um vor dem Zubettgehen ein paar Atemzüge zu machen. Fast dämmerte es schon, doch viele Lichter waren noch über der Stadt hin verstreut. Die Stadt roch etwas abgestanden, und der spärliche Verkehrslärm drang deutlich zu meiner achten Etage herauf. Nun, sicher konnte dies nicht mit meinen Wäldern verglichen werden, doch hier im dichten Häuser-Dschungel war ich wenigstens außer Reichweite fremder Bewußtseins-Manipulationen und im Finstern drohender Ungeheuer.

So oder ähnlich dachte ich, als mein Blick auf einen schwachen orangefarbenen Schimmer am fernen Horizont fiel.

O nein, stöhnte ich. Kein Irrtum! Der Schimmer sah ganz wie ein UFO aus. Vielleicht war es sogar das gleiche, das ich in den Wäldern gesehen hatte. Vielleicht aber auch nicht, oder es hatte wenigstens nichts mit mir zu tun. Sehr wahrscheinlich war dies nur ein seltsamer Zufall.

Um den nagenden Verdacht, erneut überwacht zu werden, zu zerstreuen, hob ich auf einen Impuls hin meine Arme hoch und winkte dem sehr weit entfernten Flugobjekt zu. Wie verrückt kann man werden? Ich wunderte mich selbst über meine dumme Geste. Und da kam die schockierende Überraschung – das Licht blinkte zweimal hintereinander, sehr wahrscheinlich mir. Danach wechselte der Schimmer in ein konstantes Grün, und das UFO schoß mit einer unglaublichen Geschwindigkeit himmelwärts, machte eine unmögliche rechtwinklige Wendung, strich dann waagerecht über den Horizont und erlosch schließlich derart abrupt, als hätte es überhaupt nie existiert.

Eine Weile starrte ich perplex auf die Stelle, wo es verschwunden war und spekulierte über allerlei Konsequenzen, die sich für mich ergeben könnten. Natürlich war dies völlig nutzlos; denn ich selbst konnte ja überhaupt nichts tun in bezug auf diese verblüffenden Ereignisse, oder hinsichtlich deren vermutlicher Hintergründe mir gegenüber – wenn es überhaupt solche gab, seien sie freundlich oder feindlich. So ließ ich die ganze Sache für die gegenwärtige Zeit eben auf sich beruhen. Achselzukken ist meine bevorzugte Reaktion, um etwas loszuwerden, und dies wiederum ist einem erholsamen Schlaf sehr förderlich.

Schließlich ging ich hinein. Doch trotz meiner Absicht, mich gut auszuruhen, hatte ich niemals einen unruhigeren Schlaf.

2. Kapitel

Fingerzeige in der Stadt

Die in Kapitel zwei geschilderten Ereignisse fanden zu folgenden Zeiten statt: 20. 2. 1975, 19.00 bis 19.30 Uhr.

Wochen vergingen seit meinen denkwürdigen UFO-Erlebnissen, ohne daß etwas Neues geschah. Einmal fuhr ich nochmals über ein Wochenende nach Muskoka, halb in der Hoffnung auf weitere Enthüllungen, jedoch vergebens. Immerhin, ich verbrachte ein schönes Wochenende. Ich genoß das letzte Lagerfeuer dieses Jahres, bevor der Winter kam mit seinen verschneiten Straßen. Ich freute mich während belebender Spaziergänge durch die Wälder in der frischen Luft, während ich versuchte, mich im Geist an die seltsamen Geschehnisse zu erinnern und hinter ihren Sinn zu kommen. Anscheinend war ich ein wenig besessen von diesem UFO-Rätsel.

Wieder in der Stadt zurück, begann ich Freunden und Arbeitskollegen vorsichtige Fragen über das UFO-Thema zu stellen. Zu meiner Überraschung fand niemand diese Fragen albern, oder man dachte, ich mache nur allgemeine Konversation. Die meisten Leute, mit denen ich sprach, hatten von diesem Phänomen gehört oder gelesen. Sie dachten, fliegende Untertassen existieren wirklich und kommen dem Weltraum. Dabei hatten sie stark voneinander abweichende und oft verblüffende Ansichten über sie.

Dann las ich verschiedene Bücher, die ich über das Thema auftreiben konnte. Es waren meist nur Aufzählungen der zahlreichen Sichtungen und der wenigen Kontakte, die in den Archiven der UFO-Forschungs-Organisationen registriert waren. Doch die Erklärungen und Theorien konnten mir keine befriedigende Antwort auf die drei Fragen geben, die mich bewegten: Was sind die UFOs, woher kommen sie und warum sind sie hier?

Während ich mich um weitere Informationsquellen bemühte, erfuhr ich von einer Vorlesung, die im mir bekannten Gebäude der „Psychischen Stiftung" („Psychic Foundation") gehalten werden sollte. Als ich dort hinging, stellte sich die Sache lediglich als eine detaillierte Summierung von mir allgemein Bekanntem heraus, was mich zwar freute, mir aber leider nichts Neues brachte.

Nach dem Vortrag ging ich ein bißchen herum, um aufzuschnappen, was andere dazu zu sagen hätten. Da kam ein junger Mann namens Steve aufgeregt auf mich zu, was ich recht erfreulich fand.

„Entschuldigen Sie", sagte er. „Aber ich habe das seltsame Gefühl, daß Sie irgendwie mit UFOs zu tun haben."
„Fragen Sie ruhig. Aber was gab Ihnen denn dieses Gefühl?"
„Nun, ich fühlte mich sehr stark zu Ihnen hingezogen. Irgendwie fühlte ich, daß Sie nicht nur ein gewöhnlicher Besucher sind. Außerdem wurde mein Gefühl noch durch eine Art symbolisches Bild bestätigt, das ich im Zusammenhang mit Ihnen sah. Dieses Symbol zeigt sich zu Zeiten, wenn es für mich etwas Wichtiges zu erfahren gibt."
„Was war dieses Zeichen – oder besser gesagt, dieses symbolische Bild, wie Sie es ausdrücken – das Sie 'zusammen mit mir' sahen?"
„Ich bin nicht ganz sicher, ob ich es sah, aber ich meine, es flüchtig wahrgenommen zu haben. Es ist ein schwach pulsierendes, orangefarbenes Glühen. Vor einigen Jahren sah ich ein am Himmel schwebendes Objekt, das in der gleichen Weise pulsierte. Es würgte meinen Auto-Motor ab – ich war gerade unterwegs nach Los Angeles – und es machte mich zum Einschlafen müde. Tatsächlich rettete der Vorfall mein Leben, denn ein paar Minuten später

zerriß ein Erdbeben Teile des Highways, und die Brücke vor mir stürzte zusammen!"

„Erstaunlich!" sagte ich. Ich war gepackt, jemanden zu treffen, der mit dem pulsierenden Glühen die gleiche Erfahrung gemacht hatte, und ich überlegte, ob ich ihm über mein Zusammentreffen berichten sollte. Ich entschied mich aber dagegen, jedenfalls für den jetzigen Zeitpunkt. „Sie sind der Meinung, das UFO war da, um Sie zu retten?"

„Nein, das war sicher nur Zufall. Später wurde mir erklärt, daß das Weltraumfahrzeug in erster Linie das Erdbeben abgeschwächt hat. ET's taten dies, um den sich anbahnenden Erschütterungen eines Erdbebens zuvorzukommen, das sich aufgrund natürlicher Ursachen im Bereich des San-Andreas-Grabens ereignen sollte, und es gelang ihnen, das große Unheil abzuwenden. Unglücklicherweise auf Kosten von Personen- und Sachschäden, doch war dies das kleinere Übel. Und nebenbei retteten sie einige Menschenleben im Bereich der gefährdeten Gebiete, in dem sie sie auf telepathische Weise veranlaßten, rechtzeitig wegzugehen, oder sie hielten sie kurz vor dem Ort der Katastrophe auf, so wie es bei mir der Fall war."

„Oh!" rief ich aus. „Das ist eine Geschichte. Aber was wollten Sie sagen mit dem Wort 'mir wurde erklärt'? Machen die UFOs so was?"

„Das ist eine Geschichte für sich. Wie gesagt, sehe ich manchmal dieses orangefarbene Glühen, wenn es für mich etwas über außerirdische Flugobjekte zu lernen gibt. Ich nehme es als Signal, das auf mich gerichtet ist, bisweilen sehr wichtig, denn 'sie' scheinen es übernommen zu haben, mich seit dieser Erdbeben-Episode persönlich zu führen."

„Was meinen Sie mit 'sie'? Wer sind sie?"

„Ich weiß es nicht. Irgendeine unsichtbare Kraft, irgendwelche Wesen hinter diesen Aktivitäten der Weltraumschiffe, die sich selbst Psychiker (Psycheans) nennen."

„Seltsamer Name. Vielleicht bezieht er sich auf die Art und Weise ihres Handelns?"

„Vielleicht. Übrigens, dieses orangefarbene glühende Signal kann manchmal auch im Traum kommen, manchmal wenn ich hellwach bin, und im ungewöhnlichsten Augenblick. Dann ist es, als höre ich jemanden mir etwas zuflüstern, was ich nicht verstehen kann. Vor drei Wochen führte mich dieses Signal zu einer Diskussion über außersinnliche Wahrnehmung, bei der einige Leute über ihre persönlichen Erfahrungen in dieser Hinsicht berichteten. Ich sprach ebenfalls über meine Erlebnisse mit dem UFO und fragte, ob irgend jemand hierfür eine Erklärung hätte. Da stand dieser junge Mann – von Chile oder Peru – namens Quentin auf, und sagte mir, was tatsächlich zu dieser Zeit in Kalifornien geschah."

„Und Sie glaubten ihm?"

„Absolut. Es war vollkommen einleuchtend, was er sagte. Alle Einzelheiten, das Erdbeben betreffend, fügten sich zu einem widerspruchsfreien Gesamtbild. Sie sehen, ich habe meine eigenen Nachforschungen über diesen Vorfall betrieben und mit vielen Leuten gesprochen, die in bezug auf das Erdbeben eigene Erfahrungen gemacht haben."

„Dieser Quentin, sagte er Ihnen noch mehr?"

„Nein. Er verschwand schlagartig nach dieser ESP-Diskussion. Auch scheint niemand etwas über ihn zu wissen. Die meisten Leute halten ihn für sehr beachtenswert, fast wie jemanden aus einer fremden Welt. Ein Mädchen bei dieser Diskussion, ein spiritistisches Medium, fühlte, daß Quentin von einem fernen Planeten in einer anderen Galaxie stamme. Nun, ich weiß nicht recht, aber ich habe die Vermutung, daß er bestimmt irgendwie in Verbindung mit den fliegenden Scheiben steht, genau so wie ich vermute, daß dies auch für Sie zutrifft."

Ich versicherte ihm, daß dies nicht der Fall sei – doch ich

begann mich allmählich über mich selbst zu wundern. Denn aus irgendwelchen unbestimmten Gründen nahm ich davon Abstand, ihm über meine Erlebnisse vom vergangenen Sommer zu berichten. Vielleicht waren auch zu viele Leute in Hörweite, und ich scheute vor eventueller Publicity zurück. Vielleicht nahm ich aber auch Steve's Geschichte nicht ernst genug, obwohl ich sie recht faszinierend fand. Außerdem begannen nun andere Leute hereinzuströmen, und bald war Steve ziemlich damit beschäftigt, mit ihnen zu reden. So machte ich mich davon, sicher völlig unbemerkt von Steve und den anderen.

Viel später jedoch dachte ich noch stundenlang an seine Worte, und ich wünschte, ich wäre geblieben und tiefer in das Thema eingedrungen, wenn es auch nicht gerade das war, was ich an nackten Tatsachen und erschöpfenden Erklärungen suchte. Diese Nacht träumte ich von pulsierenden orangefarbenen Lichtern, aber besondere 'Botschaften' wurden nicht übermittelt, abgesehen von einer körperlosen Stimme, die sich selbst als „Psychean" bezeichnete und sagte, ich würde bald Kontakte haben und solle nach dem Signal Ausschau halten. Ich fand es interessant, wie mein Unterbewußtsein auf Steve's Geschichte über seine Stimme im Kopf reagierte, aber ich glaubte nicht, daß hinter meinem Traum ein wahrer Kern steckte. Immerhin, bisweilen hat man noch viel verrücktere Träume.

Ungefähr eine Woche nach dem Zusammentreffen mit Steve im Februar 75 kam es zu einer interessanten neuen Entwicklung. Eines Abends, ich war unterwegs ins Kino, erregte ein Plakat an einer Straßenecke meine Aufmerksamkeit. Es handelte von einer „Psychischen Ausstellung", die diesen Abend und die nächsten drei Tage im Sheraton-Hotel stattfinden würde. Das Plakat zählte auch einiges über UFOlogie auf, und so entschloß ich mich, am nächsten oder übernächsten Abend dort hinzugehen.

Gerade als ich mich von dem Anschlag abwandte, hatte ich den flüchtigen Eindruck eines schwachen orangefarbenen Glühens um dieses Plakat. Verrückt! dachte ich. Ich sehe Gespenster, vielleicht bin ich letztlich doch zu sehr von diesem „Flying saucers"-Thema besessen, und Steve's Geschichte muß mich ebenfalls beeinflußt haben.

Ich schüttelte den Kopf, um die kurze 'Halluzination' los zu werden und winkte einem Taxi, das mich zu dem Film bringen sollte, nach dem ich mich an diesem Abend sehnte. Doch während der Taxifahrt konnte ich die Frage nicht loswerden: War meine 'Halluzination' vielleicht wirklich das Signal für einen bevorstehenden Kontakt, von dem mir die körperlose Stimme in meinem Traum gesprochen hatte?

„Hier sind wir, mein Herr." Der Taxifahrer riß mich aus meinen Überlegungen. Seine Stimme hatte einen bemerkenswert vibrierenden Klang und war mir irgendwie vertraut. Wo hörte ich sie schon einmal?

Ich schaute raus: Wir waren am Haupteingang des Sheraton-Hotels, nicht vor dem Kino.

„Sagte ich, Sie sollten mich hierher bringen?" Ich war echt verblüfft. War dies mein Versehen, oder war irgend ein seltsames Erlebnis im Gange?
„'Psychean-Kontakt' wollten Sie doch, stimmt's?"

Seine Worte schockierten mich wirklich. Warum benutzte er diesen besonderen Ausdruck 'Psychean-Kontakt'? Vielleicht war diese ganze Sache nur irgend ein anderer Zufall. Ich schaute den Taxifahrer scharf an. Nun, er sah wirklich eher aus wie ein braungebrannter Filmstar, und nicht wie ein gewöhnlicher Taxifahrer, mit seinem eindrucksvollen Bart und seinen durchdringenden grünen Augen.

Ich erinnere mich nicht einmal mehr, ob ich bezahlt habe oder einfach so ausgestiegen bin. Das nächste, was ich noch weiß ist, daß ich mich im Vorraum des Hotels sitzen sah und versuchte, aus meiner momentanen Verblüffung herauszufinden. Ich versprach mir, mich nicht so schnell wieder in Gedanken zu verlieren, obwohl ich gleichzeitig die starke Vermutung hatte, daß tatsächlich irgend etwas Seltsames im Gange war. Meine Neugier wuchs entschieden, und ich machte mich auf den Weg die Treppen hinunter zu der 'Psycho-Ausstellung' in der großen Kongreßhalle.

Die Messe wimmelte von Besuchern. Da waren etwa vierzig Ausstellungsstände, die ein weites Feld psychischer und verwandter Information boten, mit blickfangenden Plakaten und Informationsmaterial. Ich steuerte unmittelbar auf den herausragenden UFO-Stand zu, der sich in einer Ecke befand, ausgestattet mit vielen vergrößerten Fotos und einem Fahrzeug, das einem Observatorium ähnlich war – genannt 'UFO-Wagen'.

Was nun? fragte ich mich, und blickte auf das halbe Dutzend Leute, die um die Foto-Ausstellung herumgingen. Dann, wie auf ein Stichwort, richtete sich meine Aufmerksamkeit auf einen blonden und auffallend blauäugigen jungen Mann, der lässig modern gekleidet war und hinter dem Fahrzeug in Sicht kam. Er schien einen starken Magnetismus auszustrahlen, als er mir direkt in die Augen blickte und mich zu sich herüber winkte.

„Hallo da", sagte er mit einer stark vibrierenden Baritonstimme. „Entdecke ich hier einen Menschen mit ungewöhnlich starkem Interesse an UFOs?"

Seine Stimme, wie alles an ihm, wirkte makellos. Vielleicht zu perfekt, sagte mir mein argwöhnischer Verstand. Es war etwas sehr Seltsames um diesen Mann. Es war, als hätte ich ihn schon einmal getroffen. Selbst seine Stimme wirkte etwas vertraut.

„Stimmt" bestätigte ich, und betrachtete das Medaillon auf seiner Brust. Einen Augenblick schien es fast, als würde es orangefarben glühen. Ich verwarf diese Beobachtung, doch hatte ich den starken Verdacht, dies müsse der Mann sein, den ich treffen sollte. In der Hoffnung auf einen Hinweis, schaute ich ihm in die Augen und sagte: „Daß ich hier an diesen Platz und zu Ihnen persönlich komme, scheint mir irgendwie 'gelenkt' zu sein."
„Ist das so?" Er lächelte undurchsichtig. „Nun, danke fürs Kommen."
„Ich vermute, ich hatte gar keine andere Wahl, oder?" sagte ich, vielleicht ein wenig zu sarkastisch.
„Sie haben immer eine Wahl, wirklich. Die Sterne zwingen nicht, sie machen nur geneigt – wie die Astrologen sagen. Nun, was ist mit Ihren persönlichen UFO-Erlebnissen? War es letzten Sommer?"

Die unverblümte Art, zur Sache zu kommen, ließ mich zusammenzucken. War dies der echte Kontakt? Oder war er lediglich Angestellter des Ausstellungsstandes und darauf aus, einen Käufer für Abenteuermagazine oder ein neues Clubmitglied zu angeln?

„Letzten September war es", antwortete ich, entschlossen, auf seine Art einzugehen. „Sehr erregende Begegnungen, aber geheimnisvoll, nichts Informatives. Deshalb wäre es mir recht, Sie würden mich nun über all diese Dinge unterrichten, wenn Sie es können."
„Sicher. Deshalb bin ich hier. Was wollen Sie im einzelnen wissen?"

„Zum Beispiel, wo kommen diese Flugobjekte her? Auch interessiert mich, was sie sind und warum sie hier sind!"
„Mit anderen Worten, Sie wollen einfach alles wissen. Nun, das ist ein ziemlich umfangreicher Wunsch. Doch für den Anfang will ich Ihnen gern einen skizzenhaften Überblick geben. Zunächst, 'sie' sind fremde Wesen aus einer Parallelwelt, die in einer anderen Dimension existiert als die Ihrige.
Teile dieser Dimension coexistieren Seite an Seite oder sogar im gleichen Raum mit jener Dimension; sie sehen sich normalerweise gegenseitig nicht, da sich ihre Wirklichkeitsseiten auf verschiedenen Schwingungsebenen manifestieren. So wie sich feste Stoffe und Radiowellen zueinander verhalten, obwohl in jener Dimension alles ebenso solide ist wie hier. Können Sie bis hierher folgen?"
„Ich denke doch, so weit." Ich kratzte mich am Kopf und versuchte, mir dieses so ferne Konzept begreiflich zu machen.
„Gut", sagte er mit einem kurzen, ermutigenden Lächeln, und lehnte sich elegant gegen das Fahrzeug. „Nun, diese fliegenden Scheiben sind tatsächlich inter-dimensionale Fahrzeuge, wegen ihrer Form hier 'fliegende Untertassen' genannt. Sie sind fähig, ihre Schwingungsrate bis zu derjenigen dieser Dimension zu erniedrigen, um so sichtbar und massiv zu werden. Oder umgekehrt, von hier aus in die Unsichtbarkeit zu entschwinden. Dies erzeugt den Effekt der 'Materialisation' oder 'Dematerialisation', ja sogar Zwischenstufen, wenn sie auf dem Radarschirm erscheinen, aber nicht zu sehen sind – oder wenn sie in irgendeiner Form gesehen werden, aber durch das Radar unentdeckt bleiben. Dieser Effekt verursachte viel Konfusion bei den Beobachtern in dieser Welt während der letzten dreißig Jahre."
„Sie meinen, sie können zu jeder Zeit und an jedem Ort 'herein- und hinaus-blinken'?"

„Nein, so leicht geht das nicht. Es ist abhängig von einer günstigen Kombination verschiedener physikalischer Bedingungen in beiden Dimensionen. Der besseren Verständlichkeit wegen wollen wir sie magnetische Bedingung nennen. Wenn die jeweiligen magnetischen Bedingungen günstig sind, kann der interdimensionale Übergang durch ein sogenanntes 'Fenster' bewerkstelligt werden. Es gibt zwölf solcher Fensterbezirke rund um die Erde – in Wirklichkeit eine Störung der magnetischen Kraftlinien, die eine Öffnung bewirken. Einer davon ist der Bereich des Bermuda-Dreiecks mit seinen veränderlichen Grenzen und dem gelegentlichen Trichter-Effekt, wo unfreiwillige Übergänge in eine von zahllosen anderen Dimensionen geschehen können.

Jedenfalls, beabsichtigte UFO-Durchgänge durch solche Fenster werden 'Einschleus-Transits' genannt, wobei ein großes Mutterschiff sich materialisieren und mit verhältnismäßig geringem Energieaufwand in dieser Dimension verbleiben kann. Der Übergang wieder zurück ist leichter, da sie sich dann ja in ihren ursprünglichen Schwingungszustand zurückverwandeln, aber es ist besser berechenbar und wirtschaftlicher, wenn es durch ein solches 'Fenster' geschieht."

„Was ist mit den Untertassen?"

„Nachdem einmal das große Mutterschiff in diese Dimension übergewechselt ist, können sich die Überwachungsscheiben, genannt 'Fliegende Untertassen' loslösen und nach eigenem Willen rund um diesen Planeten manövrieren. Sie tun das entweder 'verfestigt' oder 'unsichtbar', so lange wie ihr Energievorrat reicht, was bei ihrer geringeren Masse gewöhnlich länger möglich ist und leichter geht. Diese Art wird 'schleusenloser' ('nonlocked'-) Transit genannt. Die Scheiben navigieren hier mittels magnetischer Kraftpunkte. Dies sind stark gebündelte Muster mit natürlicher oder künstlicher magnetischer Ausstrahlung, die es an vielen Stätten gibt. In Ontario gibt es eine Anzahl davon, wieder eine im Gebiet von Huntsville."

„Oh!" rief ich aus, und ich hätte gern gewußt, ob seine letzten Worte bloßer Zufall waren. „Haben Sie Huntsville aus einem besonderen Grund erwähnt?"

„Nein." Er schüttelte unschuldig den Kopf. „Ich dachte, das ist eben näher bei Ihnen zu Hause. Sie sagten, Sie sind von Huntsville, stimmt's?"

„Das habe ich nicht gesagt. Ich besitze ein Wochenendgrundstück in diesem Gebiet, aber ich lebe in Toronto." Ich ließ seine interessante Anspielung für den Moment fallen, wollte aber später darauf zurückkommen.

„Nah genug." Er überging die Sache auch und nahm seine Erklärung wieder auf. „Außer, daß diese magnetischen Kraftstellen als Navigationspunkte dienen, werden sie bei kleineren Notfällen auch zum Energie auftanken benutzt, ebenso als Datenspeicher, Nachrichtenzentren, Überwachungsstation und so weiter."

„Oh! Alle diese Funktionen von einer Stelle."

„In Wirklichkeit ist es nicht eine einzige Stelle, sondern es ist wie eine Ansammlung magnetischer Punkte mit verschiedener Charakteristik, angeordnet im Bereich von etwa einem Quadratkilometer. Die Kombination ihrer oszillierenden Wechselwirkung kann für viele Funktionen nutzbar gemacht werden."

Ich dachte an die drei 'magischen' Plätze auf meinem Muskoka-Grundstück. Es schien, meine Annahme war richtig, daß diese Stellen höchst ungewöhnlich waren. Ich hätte nur gern gewußt, ob sie natürlich waren oder künstlich, etwa um eine unterirdische Aktivität zu verbergen. Ich dachte, danach zu fragen, – später.

„Wie konnten Sie mir bis hierher folgen?" fragte er.

„Recht gut, danke. Ihre Worte haben mir bisher eine Menge klargemacht. Aber eines versteh' ich nicht. Warum unterscheiden sich alle Berichte so weit voneinander, wenn es um die Beschreibung der UFOs geht?"

„Wegen der unendlichen Anzahl von Möglichkeiten beim Sichten eines außerirdischen Objektes. Denken Sie an die verschiedenen Stufen der Umwandlung beim Einfliegen, an die variierenden Licht- und Wetterbedingungen, die Stellung, Haltung und mögliche Tätigkeit des Beobachters. Dies bezieht sich nur auf die zufälligen Betrachtungen innerhalb der Sichtbarkeit. Nun aber, betrachten Sie die vielen außergewöhnlich sensitiven Menschen oder die echt für außersinnliche Wahrnehmung Begabten, die etwas entdecken können, wo das unbewaffnete Auge nichts sieht. Oder denken Sie an die bewußten Versuche, wo ein Raumschiff auf telepathischem Weg Verbindung sucht, was manche Menschen im Wachzustand oder im Schlaf zu erfassen vermögen, Versuche, die geistige Verfassung zu prüfen, um zu besseren telepathischen Verbindungen zu kommen. Oder denken Sie an die bisweilen zufälligen, bisweilen absichtlichen Nebenwirkungen von Müdigkeit bis zur völligen Amnesie. Oder denken Sie an von den UFOs absichtlich bewirkte Sichtungen, die entweder auf psycho-physische Weise oder in der faßbaren Wirklichkeit erfolgen können.

„So ist es also, daß die Menschen verschiedene Arten und Formen von fliegenden Untertassen und alle Arten fremdartiger Wesen sehen oder gezeigt bekommen?"

„Das ist richtig."

„Warum wollen die Weltraumschiffe gesehen werden oder bewußt Illusionen erzeugen?"

„Indem sie sich zeigen, wollen sie langsam die Wahrheit ihrer Existenz einsickern lassen. Wenn sie eine Sichtung veranlassen, wollen sie die stark verschiedenen, subjektiven Illusionen studieren, die vom Beobachter selbst erzeugt werden. Es geschieht auch, weil der allgemeine

Volksglaube und die vorgefaßten Meinungen, unbestimmte Befürchtungen oder Hoffnungen die tatsächliche Wirklichkeit verzerren können."

„Ja, aber wie können Sie im Fall von induzierten Sichtungen von tatsächlicher Wirklichkeit sprechen?"

„Nun, versteht sich das nicht von selbst? Es ist genau so, wie sich die Menschen gegenseitig mißverstehen. Der eine plant etwas, der andere faßt es völlig anders auf. Oder betrachten Sie das klassische Beispiel des aufgerollten Seils an einem dunklen Platz. Beim ersten Blick mag es aussehen wie eine Schlange oder irgendein Ungeheuer. Somit sind induzierte Sichtungen ein sehr interessanter Weg, um die Reaktionen und Verhaltensweisen der Menschen zu studieren. In gewisser Hinsicht ist es eben ein psychologischer Test."

„Wozu testen?"

„Hauptsächlich aus Versuchsgründen. Ich nehme an, für statistische Analysen. Und vielleicht, um geeignete Charaktere als Zwischenglieder zwischen den Dimensionen zu finden. Dies dient zur Vorbereitung öffentlicher Kontakte in der Zukunft."

„Und welcher Charaktertyp würde sich vermutlich eignen als passendes 'Zwischenglied'?"

„Jemand, der klaren Sinnes ist, objektiv, unabhängig, jedoch aufgeschlossen, von hoher Empfänglichkeit, anpassungsfähig, findig, wagemutig." Er ratterte die Liste herunter mit einer Routine, die einen argwöhnisch machte, so als ob er es schon viele Male getan hätte. Dann fügte er hinzu: „Also, jemand mit einer speziellen Kombination von Schwingungen."

„Ich kam von Anfang an nicht ganz mit. Würden Sie mir dieses Konzept näher erklären?"

„So gut es geht. Zunächst sollte der Mann gut beobachten können, und zwar die Tatsachen wie sie sind. Zweitens sollte er fähig sein, telepathische Vorgänge zu entdecken, sowie mögliche Täuschungsfaktoren. Drittens erfinderisch, um auf eigene Faust Problemlösungen zu finden, und abenteuerlustig genug, um sich auch in etwas Riskantes, ihm Unbekanntes einzulassen."

„Und was ist mit der speziellen Kombination von Schwingungen?"

„Es ist für den Fall, zu einer interdimensionalen Reise berufen zu werden. Nicht jedermann hält die Umwandlung seiner molekularen Struktur in eine höhere Schwingungsfrequenz aus. Und fragen Sie mich nicht, wer die passenden Schwingungen für eine leichte Umwandlung hat. Das ist eine lange Geschichte, die etwas zu tun hat mit allgemeiner Gesundheit, überdurchschnittlichem Bewußtseinstyp, mentaler Hygiene, psychischer Wahrnehmungsfähigkeit."

„Klingt wie eine mystische Reise in die vierte Dimension oder was immer, passend für fortgeschrittene Yogis."

„Nicht ganz, und nicht diese Art von vierter Dimension. Die interdimensionale Reise, die ich meine, müßte von der ganzen Person gemacht werden, nicht nur vom Geist allein. Doch, eine passende Person könnte schon einem Yoga praktizierenden Typ ähnlich sein. Vernünftigerweise diszipliniert an Körper und Geist; das ist es."

„Gut, und warum dann diesen Typ nicht nehmen?"

„Weil eine passende Person auch ein gut informierter, weltlicher All-round-Typ sein sollte. Deshalb ist es nicht so leicht, einen zu finden. Um jemand mit den passenden Schwingungen zu finden, dies könnte den UFO-Sensoren überlassen werden, aber es braucht viel mehr Prüfungen, um festzustellen, daß die Person unter den entsprechenden Bedingungen richtig reagiert."

„Das alles klingt sehr interessant. Sicher möchte ich gern mehr erfahren über all diese Dinge, aber lieber durch direkte Erfahrung."

„Das könnte auch klappen, aber eben zu seiner Zeit. Sie brauchen nur zur richtigen Zeit am richtigen Ort zu sein."

„Leichter gesagt als getan."

„Nicht unbedingt. Bisher haben Sie es ja ganz gut gemacht, um zur rechten Zeit am rechten Platz zu sein. Gerade wie eben jetzt."

Ich blickte ihn scharf an. Wie konnte er all das wissen? Oder war es nur Angabe? Ich fühlte mich gedrängt, die Sache weiter zu verfolgen, entschloß mich aber, es nicht zu tun. Ich sollte lieber direkt auf den Kern der Sache kommen.

„Wie steht es mit der Möglichkeit einer wirklichen, direkten Erfahrung?" fragte ich. „Wo und wann?"
„Nun, warum nicht an Ihr Huntsville-Grundstück denken? Es gibt eine Menge UFO-Aktivität in diesem Gebiet, vor allem im Sommer." Hierauf holte er eine Art Notizbuch hervor und schaute darin kurz nach. „Statistisch gesehen wäre es am besten in dieser Gegend nächsten Juli... sagen wir, zwischen 26. und 30., um genauer zu sein."

„Danke für den Vorschlag. Ich bin bestimmt dort. Ihr Wissen hat mich sehr beeindruckt. Gern möchte ich wissen, woher haben Sie all diese Informationen und wie zuverlässig ist dies alles?"

„Na ja, sagen wir, ich habe meine Quellen. Und was schriftliche Unterlagen anbetrifft: Ich arbeite nicht auf diese Weise. Sie glauben, was Sie wollen." Er schaute auf die Uhr. „Ich denke, ich gehe nun lieber, meine Zeit ist fast um."
„Vielen Dank für alles. Ich glaube dieses Gespräch war mir eine große Hilfe, Herr... – wie sagten Sie, war Ihr Name?"
„Gern geschehen, mein Freund. Übrigens, ich sagte Ihnen nicht, wie mein Name ist. Auf Wiedersehen ein andermal, und nun entschuldigen Sie mich..."

Dann war er weg, bevor ich nur einmal blinzeln konnte, und ließ mich, ihm nachstarrend, zurück, mit vielen unausgesprochenen Fragen in meinem Innern. Nicht, daß ich nicht genügend Information zum Verarbeiten hatte, ich bedauerte nur seinen plötzlichen und für mich zu frühen Abschied. Auf jeden Fall mußte ich mir darüber klar werden, ob er tatsächlich ein Bindeglied zu den Außerirdischen war, oder ob es sich mehr oder weniger um ein zufälliges Zusammentreffen handelte. Aber auf jeden Fall gab er mir reichlich Stoff zum Nachdenken, und ich beschloß, zu der angegebenen Zeit im Juli in Huntsville zu sein.

Jemand berührte meinen Ellenbogen und sagte: „Wo ist er hingegangen?"
Ich drehte mich um. Es war Steve, der Junge mit dem Untertassen-Erlebnis beim Kalifornien-Erdbeben. „Wen meinen Sie?"
„Quentin, der Mann, mit dem Sie sprachen."
„Also das war der Quentin, der Ihnen die wahren Ursachen erklärte, die hinter Ihrem Erdbeben-Erlebnis steckten?"
„Genau der! Aber sagen Sie mir nicht, Sie wußten nicht, wer es war. Wo ging er hin?"
„Ich weiß es wirklich nicht. Er sagte nur, seine Zeit ist um, und verschwand."
„Komisch, dann waren Sie der eine, den er erwähnte..."
„Ich war wer?"
„Ich rannte in ihn hinein, vor etwa einer halben Stunde. Aber er hatte keine Zeit, zu reden, denn er mußte nach jemand Wichtigem sehen, den er treffen wollte, bevor er nach Peru zurückfuhr, heute abend."
„Ich dachte, es wäre nur ein Angestellter, der diesen UFO-Stand betreut."
„Da komm' ich nicht mit. Ich dachte, Sie wüßten besser Bescheid. Ich wette, das Nächste, was Sie sagen, ist, daß

Sie ihn niemals zuvor sahen, und daß Sie ihn hier rein zufällig getroffen haben..."

Ich hätte selber gern gewußt, ob es Zufall war. Leider mußte ich Steve vertrösten, so leid es mir tat. Aber ich dachte mir, es sei ziemlich verfrüht, über meine halbinformierten Schlußfolgerungen in diesem ganzen Rätsel zu sprechen. Und nebenbei, wenn es ums Reden ging, sollte das besser Quentin überlassen bleiben, der für diese Aufgabe sicher besser qualifiziert war.

3. Kapitel

Kontakt – Besichtigung des gelandeten Lichtschiffes

Die in Kapitel drei geschilderten Ereignisse fanden zu folgenden Zeiten statt: 29. 7. 1975. Das Raumschiff landete auf der Lichtung um 0.30 Uhr und startete um 2.00 Uhr.

In diesem Sommer 1975 konnte ich zwei Wochen Urlaub machen, den ich auf Ende Juli legte. Ich hatte vor, die meiste Zeit davon auf meinem Grundstück am Muskoka zu verbringen, wobei ich hoffte, etwas mehr über die fliegenden Scheiben zu erfahren. So war ich also, direkt im Anschluß an die Hochzeit eines Freundes, auf dem Weg in Richtung Huntsville.

Ich erreichte mein Grundstück bei Sonnenuntergang, als die meisten Wochenendurlauber bereits wieder auf dem Rückweg nach Toronto waren. Bis zum Einbruch der Dunkelheit hatte ich noch genügend Zeit, um meine Sachen auszuladen und ausreichend Holz für mein nächtliches Lagerfeuer zusammenzutragen. Ich war fest entschlossen, die ganze Nacht bis in die frühen Morgenstunden hinein aufzubleiben. Dann konnte ich bis zum Nachmittag schlafen und wenn der Tag zu heiß wurde, an den nahe gelegenen Strand gehen. Nach dem langen Winter war es ein gutes Gefühl, wieder zurück in der Natur zu sein. Und immerhin war auch der Sommer schon halb vorbei. Irgendwie gelang es mir nicht, seit dem letzten Herbst hierher zu kommen, abgesehen von einer, jedoch ereignislosen Fahrt im Mai.

Es war schon dunkel und die Sterne standen hell am Himmel, als ich endlich mein Lagerfeuer entzündete. Die Nacht war trocken, aber nicht zu warm. In meinem langärmeligen Pullover saß ich auf einem Hocker am Feuer, in Reichweite neben mir das aufgeschichtete Brennholz.

Im Geist ließ ich die ganze Kette von Ereignissen an mir vorüberziehen, die mich schließlich soweit brachten, auf das Wort eines Unbekannten hin, hier nun eine neue UFO-Erfahrung zu erwarten. Ich wunderte mich noch über dies alles. Quentin oder Steve hatte ich seither nicht mehr gesehen. Auch hatte ich seither keine dramatischen Zusammentreffen mehr, nicht einmal Träume oder sonstige Hinweise. Die ganzen letzten Monate verlor dieses ganze UFO-Thema für mich etwas an Bedeutung, als wäre es etwas völlig Unreales.

Dessen ungeachtet, genoß ich es, am Feuer zu sitzen, wie ich es schon so oft tat. So um einhalb drei Uhr aber begann Müdigkeit durch alle meine Knochen zu kriechen, und da nirgends ein Flugobjekt zu sehen war, ja nicht einmal der geringste Hinweis darauf, entschloß ich mich, für diese Nacht hineinzugehen.

Am nächsten Tag ging ich nach Sonnenuntergang den Abhang hinauf zu meinem 'zwielichtig-unheimlichen, magischen' Platz. Kaum fünf Minuten nachdem ich dort war, erfaßte mich eine Welle der Erregung. Und da wußte ich bestimmt, daß ich in der kommenden Nacht ein Erlebnis mit einem Weltraumschiff haben würde.

Ich bin völlig unfähig zu erklären, wie diese seltsame Überzeugung so plötzlich über mich gekommen war. In der einen Sekunde fühlte ich mich noch völlig unbeschwert, und in der nächsten wußte ich, 'sie' waren auf dem Weg, um in diese Dimension überzuwechseln, und ich würde diese Nacht von einem UFO besucht werden. In meinem Bewußtsein war nicht das geringste pulsierende Glühen, doch ich wußte, sie würden kommen und es würde nur noch ein paar Stunden bis zu einer Sichtung dauern.

Langsam ging ich zu meinem Platz zurück und zündete

das Lagerfeuer an. Die Zeit der Nachtwachen war vorüber. Nun galt es nur noch, kurze Zeit zu warten.

Es war kurz nach Mitternacht, als ich zu fühlen begann, daß das UFO schon sehr nahe war. Fünf Minuten später glaubte ich, kurz ein schwaches, orangefarbenes Glühen in meinem Bewußtsein wahrgenommen zu haben. Ob ich es am Himmel oder nur in Gedanken sah, das allerdings war mir nicht vollkommen klar. Aber ich war mir ganz sicher, daß dieses Signal an mich gerichtet war, um meine Aufmerksamkeit zu erregen. Eine seltsame Überlegung nahm von mir Besitz: Wenn dies ihr erstes absichtlich ausgesandtes Signal war, wie konnte ich schon Stunden vorher von ihrem Kommen wissen? War es möglich, daß ich sensitiver wurde, nicht nur mehr passives Objekt für ihre telepathischen Botschaften, sondern ein aktiver Geist, der etwas vorausspüren konnte? Oder hatte mein 'unheimlich-zwielichtiger' Platz etwas damit zu tun, um mein Wissen auszulösen? Es war alles sehr interessant und der Nachforschungen wert, besonders nun unter diesem neuen Gesichtspunkt.

Ich hörte auf, das Lagerfeuer weiter zu schüren und trat zurück, um die Weite des Himmels über mir in mich aufzunehmen. Bald genug nahm ich das sich im Zick-Zack-Kurs nähernde orange blinkende Licht wahr. Es verhielt sich nicht wie ein Flugzeug, denn es war keinerlei Motorengeräusch zu hören. Es hielt auf mich zu, wurde aber bisweilen unsichtbar. Für volle zwei Minuten war es völlig außer Sicht, dann materialisierte es sich aus dem Nichts, weniger als einige hundert Fuß von mir entfernt, dicht über den Baumwipfeln, orange glühend, in einer diskusähnlichen Form.

Ich ging auf mein Beobachtungsdeck, ziemlich weit weg von meinem absterbenden Lagerfeuer. Von diesem günstigen Punkt aus hatte ich eine ungehinderte Sicht über das Tal. Ich selbst war völlig von der Dunkelheit umgeben, die mich für jeden Beobachter unsichtbar machte, der nur einige wenige Fuß entfernt gewesen wäre. Dann hob ich meine beiden Arme und winkte der bewegungslosen orange glühenden fernen Scheibe.

Es blinkte zweimal auf, wie um den Empfang meines Signals zu bestätigen. Und obwohl ich dieses Blinken als Antwort halb erwartete, war ich doch überrascht, daß das UFO mich auf diese Entfernung in der völligen Dunkelheit überhaupt erkennen konnte.

Nun begann der Diskus langsam zu pulsieren, und ich fühlte, daß ich nun bis ins Innerste meines Wesens geprüft wurde. Dies dauerte ungefähr zehn Minuten, während die gleichmäßigen Pulsierungen mich fast in die angenehme Müdigkeit hypnotischer Trance versetzten. Um zu probieren, ob mein bewußter Wille noch in Funktion war, kletterte ich hinunter zu dem jetzt verlöschenden Lagerfeuer und dann wieder zurück auf die Plattform. Nun, es funktionierte, aber ich weiß nicht, ob es wirklich etwas bewiesen hat.

Kurz nach dieser Übung stoppte die Scheibe ihre Pulsationen, änderte die Farbe in gleichmäßiges grünlich und begann sich in meine allgemeine Richtung zu bewegen. Höhersteigend schwebte sie über mich hinweg und nach rückwärts mit einem schwachen surrenden Laut, in Richtung des Abhangs auf das 'Niemandsland' zu. Ich folgte ihr mit meinem Blick und versuchte, Einzelheiten auszumachen. Doch alles was ich sah war ein nebliger Schein einer ovalen Form, die kreisrund wurde, als sie über mir war. Ich konnte auch keine Lichtquelle entdecken: Das ganze Schiff war wie ein großer Tropfen gelb-grün leuchtenden Schimmers. Nur der Mittelteil seiner Unterseite, ähnlich dem Loch in einem Krapfen, pulsierte in einem blauen Licht.

Als die Scheibe hinter dem Bergkamm außer Sicht kam, wartete ich ungefähr weitere fünf Minuten für den Fall, daß sie zurückkäme. Aber irgendwie wußte ich, sie würde nicht kommen, denn sie mußte im 'Niemandsland' gelandet sein. Wahrscheinlich wartete sie dort auf mich. Obwohl ich mir eines schwachen, wie telepathisch induzierten Dranges in diese Richtung bewußt wurde, war ich auch bereit, selbst hinzugehen und selber nachzusehen.

Ich trat das ersterbende Feuer aus, griff nach meiner Taschenlampe und machte mich auf in Richtung des Holzabfuhrwegs, der in das 'Niemandsland' führte. Die Nacht war ruhig, die wenigen Wochenendhütten auf dieser Seite waren dunkel. Niemand schien auf zu sein. Außer mir sah vielleicht überhaupt niemand dieses Lichtschiff.

Ich brauchte gut zehn Minuten um die ungefähre Gegend zu erreichen, wo es gelandet sein mochte. An einer vertrauten Kurve des Holzabfuhrwegs gelangte ich an eine große Lichtung, nahe meinem magischen 'Energie'-Platz.

Und da war es! Welch dramatischer Augenblick! Nicht mehr als ungefähr 20 Meter von mir entfernt schwebte eine wirkliche fliegende Untertasse in der Luft, nur wenige Fuß über dem Grund. Ich schätzte ihre Größe auf rund zehn Meter im Durchmesser und drei Meter an Höhe. Sie war in diffuses, grünlich-blaues, sanft glühendes Licht getaucht, das eher ihrer gesamten Oberfläche zu entströmen schien, als daß es aus einzelnen Lichtpunkten entquoll. Dann waren da zwei dunkle, ovale bullaugenähnliche Flecken, einem Paar Augen nicht unähnlich. An ihrer Spitze war ein kuppelförmiger Aufbau, an ihrer Unterseite drei kugelähnliche Ausbuchtungen, die ein Landegerät zu sein schienen.

Da stand ich nun wie angewurzelt, nahe einer Baumgruppe, im Dunkeln. Ich war sehr erregt, aber auch sehr nervös und hegte allerlei Befürchtungen. Welch herrlich erhebendes Bild bot sich mir dar! Das war der lebende Beweis intelligenten, extraterrestrischen Lebens. Ich hatte nämlich keinen Zweifel, daß dieser fliegende Diskus aus dem Weltraum kam. Möglicherweise sogar aus einer anderen Dimension, wie Quentin behauptete, sicher aber nicht von unserer Erde.

In diesem Augenblick, wie eine unmittelbare Beweisführung, begann das Raumschiff zu verschwinden ohne seine Position zu verändern. Dann 'presto!', und es war weg, und man hörte wie die Luft ihren Platz einnahm. Ich leuchtete mit meiner Taschenlampe über den Platz, fand jedoch nichts. Das Schiff war total unsichtbar...

Dann, innerhalb weniger Augenblicke, kam ein sehr schwacher Schimmer von demselben leeren Platz, der sich langsam wieder zurück als Lichtschiff verfestigte. Es war hochdramatisch! Nach allem stimmte es also mit dem Verschwinden aus dieser Dimension und dem wieder Zurückkommen.

Diesmal senkte es sich langsam bis auf den Boden, in eine echte Landeposition. Da stand es nun, bewegungslos, geräuschlos – so wie ich vorher dagestanden hatte, erstarrt und atemlos. Niemand kam aus dem Schiff heraus; es stand gerade nur da, so, als ob es auf mich wartete. Irgendwie wußte ich, daß es tatsächlich auf mich wartete, aber ich konnte mich nicht rühren. Ich fürchtete mich einfach, näher zu kommen, das ist alles. Meine Gedanken rasten, in der Erinnerung an mancherlei Stories, die ich gelesen hatte über feindliche Motive Außerirdischer. Ich nahm auch an, wenn das Raumschiff wollte, konnte es mich hypnotisch in sein Inneres hineinziehen. Aber nichts erweckte diesen Anschein, es schien, als ob ich mich selbst aus eigenem freien Willen heraus bewegen müßte. Denn ohne mich vom Platz zu rühren, gab es keine Möglichkeit für mich, mehr zu erfahren. Nichts war einfacher als das.

Schließlich entschloß ich mich, es zu wagen: Kalter Schweiß brach aus meinem Körper, als ich zu dem Schiff hinüberging.

Nach einigem Zögern klopfte ich mit meiner ummantelten Taschenlampe an seine Hülle. Die Hülle fühlte sich mehr an wie Fiberglas und nicht wie Metall, strömte aber etwas Hitze aus, wie die Motorhaube eines Autos im Sommer. Als nächstes drückte ich ein Päckchen Zigarrettenpapier gegen die Hülle, um die Oberflächentemperatur abzuschätzen. Das Päckchen wurde zwar wärmer, aber geriet nicht in Brand, doch fühlte ich, ich sollte die Hülle mit der bloßen Hand nicht berühren.

Ich fand die tatsächliche Größe des Flugkörpers ungefähr acht Meter im Durchmesser, zehn Fuß hoch vom Boden bis zum Dach, plus vielleicht weitere zwei Fuß für die obere Kuppel. Die Farbe dürfte hellgrau gewesen sein. Ich ging ein paarmal um das Objekt herum und schaute nach einem Eingang, oder einem Hinweis, wie sie zu öffnen wäre. Aber da war nichts. In gleichen Abständen um den Umfang herum gab es drei ovale Luken. Ich konnte nicht hineinsehen, denn sie waren über Augenhöhe, da der Körper auf drei kugelähnlichen Vorsprüngen ruhte, so daß sich der Boden ungefähr drei Fuß über dem felsigen Grund befand. Auf diesem Felsen würden die Landekugeln sicher auch keine Spuren hinterlassen. Auch entdeckte ich keinerlei Brandstellen. Doch, da war der bestimmte Geruch von Ozon, so als ob die Hülle der Untertasse Entladungen von hoher Voltspannung erzeugt hätte. Wahrscheinlich war es klug, die Finger davon zu lassen.

Inzwischen war ich beachtlich ruhiger geworden, obwohl ich immer noch etwas zitterte. Befriedigt von meiner Nahüberprüfung des Äußeren, ging ich ungefähr dreißig Schritte rückwärts, gespannt auf die weitere Entwicklung – falls es eine geben sollte.

Innerhalb von weniger als einer Minute gab es eine solche, und eine dramatische dazu! Ein drei Fuß langer Schlitz erschien und weitete sich zu einem Spalt, der einem geschlossenen Mund nicht unähnlich war, und zwar unterhalb der Höhe der Luken und genau zwischen zweien von ihnen. Dann begann sich der Spalt nach oben zu vergrößern, wie wenn sich ein riesiges Maul öffnete. Endlich formte er sich zu einer mannshohen offenen Türe, während eine kleine Rampe bis zum Boden herunterkam. Sanftes gelbes Licht quoll aus dem Inneren; einladend!

Mir fuhr es in die Füße vor Angst. Dann faßte ich mich und war bereit, den Fremden gegenüberzutreten, die aus der Untertasse herauskommen würden. Andernfalls würde ich wohl nie mehr welche sehen. Dieses Erlebnis war sicher nicht genau das Richtige für schwache Herzen, dachte ich. So stärkte ich mich für mein erstes Zusammentreffen mit den Fremden und wartete...

Schließlich wurde mir klar, daß hier keine Außerirdischen herauskommen würden. Auch gab es keinerlei telepathischen Hinweise oder Motivationen. Die Untertasse saß einfach da, unberührt. Waren die Insassen nicht fähig, herauszukommen? Oder stellten sie eine Art bewegungsloser Lebensform dar? Jemand mußte doch drin sein, denn wer hätte sonst all dieses Signalisieren, das telepathische Prüfen bewerkstelligt, nicht zu erwähnen das Steuern des Fahrzeugs selbst, das Unsichtbarmachen, das Türe-öffnen! Ich fühlte mich ziemlich ratlos.

Ich schlich mich näher an die Türöffnung, um einen Blick

nach innen zu werfen. Aber das brachte mich auch nicht weiter, denn eine Abschrankung hinter dem Eingang hinderte mich an einem Blick ins Innere. Offenbar mußte ich ein weiteres Risiko auf mich nehmen, und zwar ein schreckliches Risiko diesmal: Da niemand herauskam, mußte ich wohl hineingehen und selber nachsehen. Doch der Himmel allein weiß, was für schreckliche fremde Ungeheuer dort drinnen auf mich warten konnten. Außerdem, was ist mit Strahlung, vergifteter Luft oder anderen gefährlichen Stoffen? Und doch, um es herauszufinden, gab es nur einen Weg...

Ich nahm meinen ganzen Mut zusammen, und mit einem tiefen Atemzug ging ich die Rampe hinauf. Dann trat ich auf die innere Plattform hinter der Tür und stellte fest, daß da gar keine Trennwand war. Es war nur ein Vorhang gelben Lichts, das die Illusion einer vom Boden bis zur Decke gehenden Wand schuf. Die viereckige Plattform war beleuchtet, aber das Innere war in Dunkelheit gehüllt. Ich versuchte meine Taschenlampe – sie funktionierte nicht.

Ich zögerte einen Augenblick, dann machte ich ein paar Schritte hinein in den dunklen Raum. Mein Gewicht, das auf den Boden drückte, mußte eingebaute Sensoren aktiviert haben, denn ein blau-grünes Licht ging überall rundum an und beleuchtete den größten Teil des Inneren.

Auf den ersten Blick erschien alles unbegreiflich fremdartig.

Aber ich hatte keine Zeit, noch weiter zu schauen, denn ein schwaches Geräusch hinter mir ließ mich rasch umdrehen. Es war die sich schließende Eingangstür. Plötzliche Panik ergriff mich, und es war ein Wunder, daß ich keinen Herzanfall bekam. Gott im Himmel, ich war gefangen. Der sich schließende Schlitz verschmolz nahtlos mit der Wand, und wie gelähmt starrte ich darauf.

Dann versuchte ich mich zu beruhigen. Vielleicht war dies nur ein rein automatisch ablaufender Vorgang – wenn der Besucher drinnen ist, schließt sich das Tor von selbst. Ich ging auf die Plattform zurück und wartete. Nichts. Nach einer Weile bemerkte ich ein wenig links von mir einen von der Decke kommenden Lichtstrahl. Ich hatte die Vermutung, dies könne der Auslöser für die automatische Tür sein. Ich hielt meine ummantelte Taschenlampe in den Strahl, und es klappte – die Tür begann sich zu öffnen.

Um sicher zu gehen, trat ich sofort hinaus in die Nacht, ging dann wieder hinein und ließ die Tür sich schließen. Ich wiederholte den Vorgang, um mich zu beruhigen. Dann schaute ich nach einer Handbedienung für den Türöffner, für den Fall, daß es mit dem Licht einmal nicht klappen sollte. Ich traue niemals einer vollautomatischen Einrichtung und fühle mich sicherer, wenn ich eine zusätzliche Handbedienung finde.

Etwas weiter rechts von dem Platz, wo die Tür sein mußte, fand ich eine faustgroße Einkerbung in der Wand. Da steckte ich meine Taschenlampe hinein, worauf sich die Tür wieder öffnete. Es mußte ein Federmechanismus sein, was nach einem Handhebel sicher das Nächstbeste war. Ich wollte nur wissen, was oder wer das Tor zum ersten Mal aufmachte, als ich noch draußen war, denn ich hatte das Gefühl, daß der Diskus völlig unbemannt war.

Nachdem ich nun wieder viel ruhiger geworden war, wandte ich mich um, um das Innere etwas näher zu prüfen. Als erstes zog eine Kugel von ungefähr 90 cm Durchmesser meinen Blick auf sich, die in Augenhöhe schwebte. Sie war in der Mitte des Diskus 'aufgehängt', innerhalb einer durchsichtigen senkrechten Röhre, die die kuppelförmige Luke an der Decke mit einer identisch geformten Luke am Boden verband.

Das synthetische Material des Fußbodens war perlgrau und mit einem Wabenmuster versehen, als sei es eine Ansammlung von Batteriezellen. Drei geschweifte Bänke, Eskimo-Skulpturen ähnlich, waren um die vertikale Röhre angebracht. Dann war da ein rundes Geländer aus einem hornartigen Material, das die Röhre umgab, bequem zum Festhalten für jemand, der auf den Bänken saß. Sehr handlich für einen turbulenten Flug von humanoiden Wesen oder überhaupt für jemand mit armähnlichen Gliedern. Zumindest war das Innere des Raumes so angelegt, um irgend eine Art von Lebewesen zu befördern. Dies schien sicher zu sein, auch wenn im Augenblick niemand anwesend war. Vielleicht war die Besatzung weggegangen, um irgend einer Aufgabe nachzugehen, und würde bald zurückkommen, doch diese Art von Gedanken schienen keinen Sinn zu geben im Hinblick auf die Geschehnisse hier drinnen.

All das ließ nur eine Möglichkeit offen – das Lichtschiff war ein Roboter-Fahrzeug, ein unbemanntes Gefährt, oder eher bemannt durch eine Art programmierten Computer – oder ferngesteuert von einer unsichtbaren Intelligenz, vielleicht durch ein eingebautes Computer-System.

Allerdings fand ich nichts, was nur im entferntesten einem Computer-System ähnlich gewesen wäre. Es sei denn, es wäre in einer Art und Weise konstruiert, die meinem irdischen Begriffsvermögen über mögliche Technologien völlig unverständlich war. Kein elektronisches Gerät und auch keine sonstige Einrichtung war zu sehen. Deshalb mußte es sich wohl um eine völlig verschiedene Art von Technologie hinter all dem handeln – wenn es überhaupt Technologie war!

Diese Gedanken ließen mich erschaudern, als ich die riesige, in der senkrechten Röhre 'aufgehängte' Kugel näher überprüfte. Innerhalb der Kugel selbst waren Myriaden flackernder Lichter und wirbelnde Muster vielfarbiger Nebel, als sei es die Verwirklichung der Absicht eines Künstlers, in einem dreidimensionalen Modell das Funktionieren eines Supergehirns darzustellen. Und ich hatte keinen Zweifel, daß es das auch war – entweder eine lebendige Intelligenz, oder der seltsamste Computer.

Ich versuchte meine Taschenlampe durch den plastikröhrenähnlichen Lichtstrahl zu stecken. Ich traf auf den sanften, aber festen Widerstand einer flexiblen Hülle, die nur bis zu einem gewissen Grade nachgeben würde.

Offensichtlich war es ein Kraftfeld, das als eine Art schützendes Rohr fungierte. Und innerhalb war es wohl der Lichtstrahl, der die Kugel in Augenhöhe festhielt. Ich bemerkte einige sehr schwache 'Flutlinien', oder Spuren eines Energiestroms innerhalb des Strahls. Als ich mich umwandte, geriet meine linke Hand zufällig in das Kraftfeld. Sehr zu meiner Erleichterung gab es aber keine unangenehme Gegenwirkung, nur eben eine Berührung wie von Seide, die einen festen Widerstand bot.

Ich blickte hinauf zu der schön gewölbten Decke – da war eine von Wand zu Wand reichende Spirale ähnlich einem riesigen Heizelement, gefertigt aus schimmerndem, goldähnlichem Material. Ein anderes Energie-Gerät, vermutete ich, vielleicht in Verbindung mit der senkrechten Röhre, die oben in der Mitte auslief. Oder umgekehrt. Wer weiß?

Ich lenkte meine Aufmerksamkeit auf die kreisrunde Wand. Der leere Raum, wo die jetzt unsichtbare Tür sein mußte, war auf beiden Seiten flankiert durch riesige halbkreisförmige Ausbuchtungen, die vom Boden bis zur

Decke reichten. Vielleicht irgendwelche Vorratstanks oder sonstige Räumlichkeiten, allerdings konnte ich keine Türen sehen. Nach jeder Ausbuchtung folgte ein Bullauge, wobei die dritte Luke gegenüber gelegen war. Sie hatten voneinander den gleichen Abstand, waren leicht oval und maßen ungefähr einen Meter im Durchmesser. Dann gab es noch zwei senkrechte Instrumententafeln, die aus der glatten Wand herausragten – eine zu meiner Linken, die andere zu meiner Rechten, jede flankiert von einem riesigen 6 x 4 Fuß großen Bildschirm mit einer Art Sofa darunter. Und damit war meine Überprüfung der Wand zu Ende.

In der Tat, das vollendete für diesen Zeitpunkt meinen vorläufigen ersten Überblick über das gesamte Innere. Ganz plötzlich fühlte ich jetzt auch die Erschöpfung, die durch die auf mir lastende nervöse Anspannung verursacht war. Ich überlegte, ob ich zu einer noch detaillierteren Überprüfung übergehen sollte, oder etwa...

In diesem Augenblick glühte die Deckenspirale in einem intensiven orangefarbenen Schein auf und begann langsam zu pulsieren. Wieder ergriff mich Panik. Ich fühlte eine drastische Veränderung in den 'status quo' zu kommen, dem ich mich jetzt bestimmt nicht aussetzen wollte. Nun hatte sich der 'Strahl' ebenfalls aktiviert – ein starker Fluß nach unten gerichteter Ströme begann dort einzusetzen.

Wahrscheinlich ist es besser, ich türme, dachte ich, bevor das verdammte Ding mit mir abhebt, oder eine Gehirnwäsche beginnt, mich auseinandernimmt, oder wer weiß was alles. Furcht gewann die Oberhand über meinen Wagemut – und in rasender Hast betätigte ich den Türöffner – und er ging! Ich kletterte die Rampe hinunter und zog mich in die Ecke der Lichtung zurück wie ein erschrecktes Tier. Oder vielmehr wie ein Angsthase – aber ich konnte nichts für mein Verhalten.. Ich dachte, es wäre irrsinnig komisch, wenn ein verborgener Betrachter mich nun für einen verrückten Außerirdischen hielt, der im Begriff ist, ihn oder irgend etwas aufzuessen.

Aber hier draußen war nichts (oder rann weg und rang mit dem Tode), ausgenommen die Dunkelheit und das Gebüsch. Ich stoppte und wandte mich um.

Das Lichtschiff pulsierte orange glühend für eine kurze Weile, dann zog es die Rampe ein und versiegelte die Tür.

Dann veränderte es sein Licht in ein gleichmäßiges Grünlichblau und begann sich vom Grund zu erheben. Es stieg langsam höher und höher, bis auf einige hundert Fuß. Ich rätselte, was seine Antriebskraft sein könnte. Irgend ein Anti-Gravitationsgerät? Denn ich entdeckte keinen Flammenausstoß, keine entweichende komprimierte Luft, nicht einmal ein Geräusch, ausgenommen ein schwaches Surren.

Nun blinkte das Schiff zweimal und flog in einem aufsteigenden Bogen rasch davon und kam bald außer Sicht.

Allem Anschein nach war mein Zusammentreffen vorbei. Doch, eine ganze Weile stand ich noch in dem pechschwarzen Wald, erfüllt von Ehrfurcht und Staunen, Erleichterung und Bedauern, stolz auf mein kühnes Abenteuer, aber voll Scham wegen meines feigen Weglaufens. Und außerdem fühlte ich mich fürchterlich müde und kraftlos.

Zeit zum Schlafen, dachte ich. So ging ich langsam durch die Wälder zu meinem Grundstück zurück.

4. Kapitel

Überwachung

Die in Kapitel vier geschilderten Ereignisse fanden zu folgenden Zeiten statt: 30.7.1975. Das Raumschiff landet um 23.30 Uhr. Flug über Toronto/Canada um 1.30 Uhr, der das Vorspiel darstellt zum Weltflug (Kapitel fünf).

Nach dieser Begegnung schlief ich in der Nacht wirklich tief, und ich erhob mich erst, als es fast Nachmittag war. Der Schlaf war Medizin für meine zerrütteten Nerven, denn noch Stunden nach meinem Erwachen hatte ich dieses 'Schmetterlinge-im-Magen'-Gefühl. Es schien, es brauchte seine Zeit, um wieder normal zu werden. Dieser erste Kontakt mit einem gelandeten UFO hatte einen überwältigenden Eindruck auf mich gemacht. Kein Wunder, denn bis dahin war es wohl die erregendste und ungeheuerlichste Begegnung meines Lebens.

Der Tag war unerträglich heiß. Deshalb fuhr ich die acht Meilen zum wunderschönen Mary-See, wo ich den Nachmittag im und am Wasser verbrachte und mich am Ufer entspannte. Es war ein herrlicher Sommertag, die Menschen saßen beim Picknick, Boote kamen und gingen, Kinder spielten und schrien in dem seichten Wasser. Es war wundervoll erholsam und auch sehr geeignet zum Tagträumen.

Natürlich gingen mir die dramatischen Ereignisse der vergangenen Nacht noch im Kopf herum. Mein Verhalten analysierend 'entschuldigte' ich schließlich meine wilde Flucht aus dem Diskus. Es hat einfach seine Grenzen, was ein Mann in einem gegebenen Augenblick ertragen kann. Ich muß nahe dem Ende meiner Nervenkraft gewesen sein, als die plötzliche Änderung des Zustandes innerhalb der Untertasse mein inneres Gleichgewicht ins

Schwanken brachte. Aber im Ganzen gesehen, nahm ich an, hatte ich nichts falsch gemacht.

Schließlich war ich sogar der Meinung, die „Aktivierung" der Untertasse war gedacht, um mich vor dem bevorstehenden Abflug zu warnen. Und dann blieb es meinem eigenen freien Willen überlassen, auszusteigen oder zu bleiben und mitzufliegen. Nun, vielleicht würde ich das nächste Mal bleiben – wenn es ein nächstes Mal überhaupt geben würde. Ja, ich hoffte, meine Erlebnisse würden noch lange nicht zu Ende sein, und die Untertasse würde zurückkommen. Wenn dies geschehen würde, würde ich sicher alles in der Untertasse aufs Genaueste untersuchen und auch mitfliegen – ein Flug, der Himmel weiß wohin und warum. Denn immerhin: Wer nichts wagt, der gewinnt nichts.

Als sich die Sonne allmählich dem Horizont näherte, fuhr ich zurück. Ich hielt in der Nähe des Landeplatzes, denn ich wollte den Boden nach Landespuren untersuchen. Aber da war nichts, – der Grund war zu felsig. Ich hielt dann nochmals an und plauderte mit einigen der dortigen Urlauber, aber sie erwähnten keine ungewöhnlichen Vorkommnisse, und ich brachte die Angelegenheit auch nicht zur Sprache.

Am Lagerfeuer war ich wieder ganz entspannt und gut ausgeruht. Ich saß da bis ungefähr Mitternacht. Hinweise einer etwaigen UFO-Aktivität bekam ich keine. So war ich überzeugt, daß es heute wahrscheinlich keine Sichtungen gäbe. Ob diese Überzeugung aber aus meinem Innern kam oder von einem außerirdischen Objekt erzeugt wurde, wage ich nicht zu entscheiden.

Nachdem ich das Feuer ausgemacht hatte, unternahm ich einen langen Spaziergang entlang der Landstraße, in der dunklen, ruhigen Nacht. Alles war friedvoll in den Wäldern. Auch am sternenübersäten weiten Himmel bewegte sich nichts. Ich war glücklich und zufrieden. Alles war gut.

Am nächsten Tag war es merklich kühler. Ich verbrachte den Tag mit allerlei Tätigkeiten auf meinem Grundstück. Später fuhr ich dann nach Bracebridge, um dort einige Waren einzukaufen. Der dramatische Eindruck meiner Begegnung war samt ihren Nebenwirkungen von mir gewichen. Ich war innerlich und äußerlich wieder nichts als ein sonnengebräunter Urlauber wie viele andere.

Nach Sonnenuntergang ging ich von meinem Platz ans obere Ende des Abhangs, um mich ein wenig auf meinem 'Zwielicht'-Platz niederzusetzen. Gern hätte ich gewußt, ob das UFO diese Nacht wieder kommen würde oder nicht. Merkwürdigerweise hatte ich überhaupt keine 'Vorahnungen', weder in der einen noch in der anderen Richtung.

Dann gewann eine sonderbare Idee Gestalt in mir, und plötzlich erfaßte mich ein irrsinniger Gedanke! Was wäre, wenn all diese Dinge mir gar nicht in irgendeiner unvorhersehbaren Weise geschähen, sondern wenn ich selbst es wäre, der ihr Geschehen veranlaßt? Ich wurde sehr erregt. Was wäre, wenn meine eigenen unbewußten Wünsche oder meine unzweifelhaften Hoffnungen das UFO-Signal auslösten? Vielleicht war gleichermaßen auch mein Bewußtseinszustand der Faktor, der die Art und Weise meiner letzten Begegnung gestaltete. Nicht, daß ich deren wirkliche Ursache war – vielleicht projizierte ich meine unbewußten Wünsche zu diesen Zeiten, um eine neue Ereignisfolge zu starten oder sie zu beenden. So wie es mit der „Aktivierung" der Untertasse vor ihrem bevorstehenden Abflug geschah. Da ich zu erschöpft war und bereit, auszusteigen, half ich selbst die dramatische Veränderung zu schaffen, die mir die Entschuldigung zum Verlassen bot.

Ich schüttelte den Kopf. Wie komme ich auf diese seltsame Idee? Ich konnte es wirklich nicht sagen. Doch sicher war es ein ungewöhnlicher Blickwinkel. Vor allem, wenn es funktionierte. Demnach war also alles, was ich zu tun hatte, das UFO aufzufordern, zu kommen, indem ich meine Bereitschaft für ein neues Erlebnis projizierte. Dann würde es kommen – wenn meine verrückte Theorie einen wahren Kern besaß.

„Ich rufe das Raumschiff. Ich rufe das Raumschiff. Bitte, komm' heute nacht. Ich bin bereit und warte." Ich hielt diese Botschaft für eine gewisse Zeit fest in meinem Bewußtsein. Ich schaute auf meine Uhr. Es war 22.25 Uhr. Obwohl es noch ein bißchen früh war, um von einigen Leuten nicht beobachtet zu werden, konnte es die fliegende Scheibe ja vermeiden, indem sie unsichtbar wurde. „Ich erwarte das Treffen in einer Stunde am gleichen Landeplatz. Ende der Durchsage."

Ich grinste, als ich aufstand und den Abhang verließ. Was für ein Riesenspaß! Oder vielleicht war es gar kein Spaß, und ich sollte überhaupt auf meine eigenen Gedanken und ihren möglichen Einfluß besser achten, und zwar, was die Ereignisse des Alltags im allgemeinen und die UFO-Ereignisse im besonderen betraf.

Ich bereitete mir eine kleine Mahlzeit auf meinem Campingherd, aß, schloß die Sachen weg und machte mich zu Fuß auf den Weg zu meinem 'selbstgemachten' Rendezvous.

Ich erreichte den Platz, kurz bevor die eine Stunde um war. Nahe der Lichtung war ein passender Baumstumpf. Auf den setzte ich mich und hoffte, der Diskus würde nun bald landen. Während ich so im Dunkeln saß, ließ ich den Nachthimmel nicht aus den Augen.

Es dauerte nicht lange, da bemerkte ich in großer Höhe

ein kurzes orangefarbenes Blinken. Kurz darauf erreichte mich aus größerer Nähe ein kurzer orangefarbener Schimmer. Er kam also, auf jeden Fall! Offensichtlich funktionierte meine Theorie, und meine kühne Idee traf in irgend einer Form tatsächlich zu. Natürlich war es auch ohne weiteres möglich, daß die telepathische Absicht der Untertasse meine Idee auslöste, ich könne sie zum Landen auffordern. Sah ich diese Sache nun in einer etwas näheren Perspektive? Nun, sei es wie es wolle, es bestand hier eine ausgesprochen telepathische Verbindung, was zweifellos durch das rechtzeitige Erscheinen der Untertasse bewiesen war.

Die Luft innerhalb der Lichtung begann sehr schwach zu glühen. Die Glut wurde stärker, bis sie sich schließlich voll als Lichtschiff materialisierte, das über dem Boden schwebte. Dann senkte es sich herab und landete, wo es schließlich auf dem felsigen Untergrund zur Ruhe kam.

Nach ein oder zwei Minuten ging ich hinüber. Der Eingang öffnete sich und die Rampe senkte sich herab. Ich atmete tief durch und ging durch die Türe hinein. Wenn da drinnen jemand war, würde ich es bald merken.

Aber da war niemand. Das gedämpfte Licht im Innern kam gleichmäßig von Wänden und Decke. Es gab keine bestimmte Lichtquelle. Ich fand alles genauso wie bei meinem ersten Besuch. Die Tür schloß sich hinter mir, aber diesmal beunruhigte es mich nicht.

Ich begann, die Dinge nun etwas gründlicher zu betrachten. Zuerst ging ich zu der gegenüberliegenden Luke, um die beiden flankierenden Tafeln von ungefähr 4 mal 6 Fuß Größe einer Prüfung zu unterziehen. Sie waren blank, die Oberfläche leicht opak, aus weicher, sich glasartig anfühlender Substanz, eingebaut in die Wand. Ihre Funktion war mir soweit unbekannt – es konnten Bildschirme sein.

Die bequemen Sofas unter jedem Schirm konnten jedweder Art von Lebewesen dienen. Zum selben Schluß kam ich hinsichtlich der geschweiften Bänke, die um den Mittelstrahl angeordnet waren. Nichts legte menschlichen Entwurf oder menschliche Benutzung nahe. Die allgemeine Form und Gestaltung konnte von und für alle möglichen physischen Wesen geschaffen sein. Schließlich gab ich die fruchtlosen Spekulationen in dieser Richtung auf.

Als nächstes befaßte ich mich mit den zwei riesigen Ausbuchtungen neben dem Eingang. Nach einigem Herumtasten öffnete sich ein Teil davon, so daß eine senkrechte Öffnung von ungefähr Mannsgröße entstand. Es kam ein ungefähr 3 mal 5 Fuß großer Vorratsraum oder dergleichen zum Vorschein. Es gab dort eine Art Schränke, die es mir zu öffnen gelang, und die verschiedene umfangreiche Gegenstände unverständlicher Bedeutung enthielten. Die Gegenstände waren in eine Art Plastikhaut nahtlos verschweißt. Der Schrank ging auf Fingerdruck auf, aber da waren keine Scharniere oder sonstige mechaniche Teile sichtbar. Das Öffnen mutete vielmehr an wie das Öffnen eines geschlossenen Augenlids. Es erweckte in etwas unangenehmer Weise den Eindruck von etwas Organischem in Substanz und Funktion, wie überhaupt das ganze übrige Raumschiff.

Der Lagerraum diente wahrscheinlich als eine Kombination von Kombüse und Eßplatz. Verstaut über einer Art Schaltertisch befanden sich, gebadet in sanftem violetten Licht, in Fächern viele würfelförmige und andere Stücke in verschiedenen Farben. Ich nahm eines davon, das wie ein Eiswürfel aussah und versuchte es mit der Zunge – es begann zu schmelzen und erinnerte an Wasser. Dann nahm ich ein größeres dunkelblaues Stück und biß vorsichtig hinein. Es war eßbar, schmeckte mild und war vermutlich kondensiertes Protein. Nun, das schienen also Nahrungsmittel zu sein, wenn man welche brauchte. Unter dem Schalter war eine klaffende Öffnung. Ich warf einen Würfel hinein, der aufgesogen wurde. Offensichtlich handelte es sich um einen Abfallbehälter.

Und dies gab mir gleich die Erklärung für das andere Abteil. Wahrscheinlich Bad und Toilette in irgendeiner Form. Ich trat heraus und ging zu dem anderen hervorspringenden Abteil hinüber, und es gelang mir, es ebenso wie sein Gegenstück durch Fingerdruck zu öffnen. Meine Vermutung traf zu. Etwas erhöht über dem Boden befand sich eine riesengroße „Suppenschüssel" mit einem passenden Loch darin. Das konnte Menschen, Hunden, Vögeln... dienen, wie Sie wollen. Das gleiche traf zu auf die daneben befindliche „Luftdusche" und „Badewanne". Ihre Funktionen waren klar, wenn auch die Ausführung sehr ungewöhnlich erschien. Vielleicht war der Sinn der, daß all dies den verschiedensten physischen Wesen zu dienen hatte.

Das erinnerte mich an ein Bedürfnis, das von allen möglichen UFO-Passagieren wahrscheinlich nur ich hatte, nämlich eine Zigarette zu rauchen. Ich entschloß mich, neben der „Schüssel" zu rauchen und die Kippe in deren Abfluß zu schnipsen, damit sie weg war. Ich hatte allerdings ein wenig Sorge, das Raumschiff könnte dies als eine Art feindseligen Akt mißverstehen. Glücklicherweise war dies aber nicht der Fall, denn es zeigten sich keine Vergeltungsmaßnahmen. Aber die Untertasse muß wohl meine Rauchgewohnheit für ziemlich verrückt gehalten haben, dachte ich.

Diese kurze Überlegung und die Zigarettenpause versetzten mich in einen wirklich behaglichen Zustand. Mein Humor war wieder da, und ich fühlte mich schon bald wie zu Hause hier, obgleich ich das Gefühl hatte, von einer leidenschaftslosen, aber nicht unfreundlichen Intelligenz beobachtet zu werden. Das Toilettenabteil schloß sich hinter mir, als ich mich, völlig entspannt, daran machte, meine weiteren Erkundigungen fortzusetzen.

Ich ging hinüber zu einem der „Instrumententürme", der fünf Fuß breit und zwei Fuß tief war und vom Boden bis zur Decke reichte. Es war eine große, senkrechte Tafel aus einer gallert-steinartigen Substanz, mit abgerundeten Kanten. Hinter der transparenten Oberfläche barg die Tafel ein an einen Tropenfisch erinnerndes „Etwas" mit vielfarbigen szintillierenden Lichtern. Nach einigem aufmerksamen Betrachten entdeckte ich darin eine bestimmte Ordnung. Waagerechte Unterteilungen von Punkten und Strichen, vermischt mit rhythmisch wechselnden 'Regenbogen'-Mustern. Und so gab es viele hundert weitere ähnliche Muster von oben bis unten. Es schien, als zeigte die Tafel alle Arten von „Lebensfunktionen" der Untertasse wie auch externe Umweltbedingungen an. Der andere Instrumententurm sah im wesentlichen gleich aus, obwohl sein Inhalt einer etwas anderen Art „tropischen Fischs" ähnelte. Die Funktion seines oberen Teils wurde fast auf den ersten Blick klar: es mußte eine Art Zeitmesser sein. Ganz am oberen Rand waren in einer waagerechten Reihe neun Gruppen weißer Lichtpunkte, ähnlich der Oberfläche von Würfeln, die nebeneinander in einer Reihe standen, gleichsam ein Ersatz für Ziffern einer Digitaluhr. In jeder Gruppe der „Würfelseiten" konnte die Zahl der möglichen Lichtpunkte bis auf neun anwachsen. Zur Zeit meiner Beobachtung standen sie ungefähr so:

0 0 0 0 5 8 3 4 7 Punkte.

Dann bemerkte ich, daß die letzte Gruppe mit 7 Punkten gerade auf 8 überwechselte, dann 9 und Null, ungefähr im

Abstand einer Sekunde. In Wirklichkeit war es etwas weniger als eine Sekunde. 100 Intervalle ergaben 72 Sekunden auf meiner Uhr. Die Anzahl der normalen Pulsschläge des Menschen pro Minute, das ist es. Ein weiterer faszinierender Zufall?

Ich nahm also diese Anzeige für die „irdische Ortszeit", gemessen nach dem Standard des Raumfahrzeuges. In der selben Reihe folgten auf die weißen Lichtpunkte solche in gelber Farbe in gleicher Gruppierung. Diese gelben Punkte wechselten jedoch siebenmal schneller als die weißen. Vielleicht zeigten diese gelben Punkte die Zeit der „anderen Dimension" an, konnte ich mir vorstellen.

Die nach unten folgenden Reihen zeigten ein Dutzend solcher „Digital-Uhr"-ähnlichen Anordnungen, aber in anderer Farbe, in völlig anderen Zeitverhältnissen, in einer ziemlich verwirrenden, unberechenbaren Art und Weise. Die nächsten Reihen darunter sahen aus wie das Muster vielfarbiger Oszilloskopscheiben, als seien es Anzeigen für die Phasenverschiebungen in bezug auf die oberen vierzehn Zeitabfolgen. Weiter unten waren weitere hunderte von farbigen Lichtpunkten, wahrscheinlich Untersystem-Anzeigen für irgendwelche geheimnisvollen Zwecke. Diese gesamte Anzeigentafel mußte ein verwirrendes Labyrinth kompliziertester Einrichtungen verbergen. Es wäre mir entsetzlich gewesen, wenn ich hätte so etwas reparieren müssen. Ich bezweifelte, ob ich es überhaupt hätte auseinandernehmen können. Vielleicht war dieses verflixte Ding ein voll integriertes organisches System, mehr in der Art wie das menschliche Nervensystem. Der Himmel bewahre, daß sich jemand damit zu befassen beginnt, der weniger als ein hochqualifizierter Neuro-Chirurg ist!

Aber daran herumzubasteln war ohnehin nicht möglich; da waren keine Schrauben, keine Knöpfe, keine Tasten oder Steuereinrichtungen an dieser Anzeigetafel, wie übrigens auch sonst nirgends innerhalb dieses Flugschiffes. Sicher war dies nicht eine Art zusammengebaute Flugmaschine, sondern eher eine organisch gewachsene Riesenauster, die fliegen konnte wie ein Vogel. Und zwar fliegen mit eigener Kraft, gesteuert von ihrer eigenen eingebauten Intelligenz. Und diese Bemerkung lenkte meine Aufmerksamkeit auf den Mittelpunkt der Untertasse.

Ich dachte, ich könnte die Unterteilung der Funktionen recht gut begreifen. Die Deckenspirale diente offensichtlich als eine Art Energieumwandler, der senkrechte Strahl als Antrieb für die verschiedenen Zwecke, während die Kugel als Kommando- und Gehirnzentrale fungierte.

Ich richtete meinen Blick auf die Kugel mit ihren Myriaden winziger Fünkchen und wirbelnder Nebel aller denkbaren Farben und Stärken und versuchte, einen Sinn darin zu finden. Bei noch näherem Hinsehen entdeckte ich Mengen noch feinerer Lichtflecke, sich kreuzender Linien, ja sogar einige fantastisch komplizierte gitter-ähnliche Strukturen, als seien sie aus sehr dünnem Draht.

Ich konzentrierte mich auf die weißen Lichter, um einmal nur die und keine anderen zu betrachten. Nachdem die irdische Ortszeit auf dem Instrumentenbrett in weiß angezeigt wurde, hoffte ich, die weißen Funken in der Kugel würden irgendeinen anderen örtlichen Faktor anzeigen. Wie Raum, zum Beispiel. Ja, Raum, das war es! Weiße Funken für Sterne, wie in einem dreidimensionalen „Raumatlas" für die Navigation, wobei die Position des Raumschiffes ebenfalls irgendwie angezeigt werden mußte. Zum Donnerwetter, das war es tatsächlich! Ich strengte meine Augen an, und da konnte ich nahe dem Mittelpunkt eine kleine Ansammlung von vier oder fünf Lichtpünktchen ausmachen, eines davon sehr viel größer, offensichtlich die inneren Planeten mit der Sonne, unseres Sonnensystems. Es gelang mir auch, fünf weitere Lichtpünktchen weiter entfernt auszumachen, sehr wahrscheinlich die äußeren Planeten.

Nun, ganz sicher war ich nicht, aber es mußte doch fast so sein! Dann, als ich noch näher heranging und unfreiwillig das Schutzgeländer anfaßte, das um den 'Mittelstrahl' herumlief, passierte etwas Seltsames: Es war, als würden meine Augen teleskopartig hinein-„gezoomt", und die Mitte der Kugel wuchs an zu einer enormen Größe. Schließlich sah es aus, als würde ich den Planeten Erde von weit außerhalb im Weltraum betrachten. Zweifelsfrei waren die Umrisse der Kontinente zu erkennen – aber die Sicht war zu klar, um der Wirklichkeit zu entsprechen. Es mußte ein Modell sein, vielleicht zum Zweck der Darstellung momentaner Positionen.

Ich ließ das Schutzgeländer los, und die Sicht war wieder wie zuvor. Wenn ich aufs Neue das Geländer anfaßte, fühlte ich mich wieder hineingezoomt. So war es also meine Berührung, die diesen Effekt erzeugte, vielleicht, indem irgendein Schaltkreis für außersinnliche Wahrnehmung in Verbindung mit der Kugel ausgelöst wurde. Ich wiederholte den Vorgang ein paarmal und betrachtete im Wechsel Modelle von Saturn, Jupiter und Mars; selbst Markierungen für einige Asteroiden konnte ich erkennen.

Meine Entdeckung ließ mich triumphieren. Ich machte mich daran, die gelben Lichtpünktchen zu untersuchen. Ich hielt sie für Modelle von Himmelskörpern der anderen Dimension, aus der die Untertasse vermutlich herstammte. Aber in diesen gelben Fünkchen konnte ich keinen Sinn finden, weder in der Nah- noch in der Normalsicht. Vielleicht spielte sich das alles auf einer ganz anderen Ebene ab und war nicht so gedacht, daß man die Zentren der beiden Systeme irgendwie zueinander in Beziehung setzen konnte.

Ich ging noch zu den andersfarbigen Lichtpünktchen über, hatte aber keine Ahnung, welche räumlichen oder nicht räumlichen Verhältnisse sie darstellen sollten. Ich blickte auf wirbelnde und bewegungslose Nebelflecken. Vielleicht stellten sie verschiedene Magnetströme, kosmische Strahlungen oder derartige „Wetterverhältnisse", Energieverteilungen, Kraftfelder, vielleicht sogar psychische Gegebenheiten dar, oder es waren völlig andere Faktoren, von denen ich keine Ahnung hatte.

Dann waren da noch die verschiedenen Linien, die verwirrende und abstrakte Muster bildeten, die in dauerndem Fluß waren, dann die haardünnen Gitter in großer Zahl, die ungeheuer komplexe Strukturen bildeten. All dies bezog sich vielleicht auf die Wechselwirkungen zwischen den Nervensträngen des Flugobjektes, wer weiß? So gab ich schließlich meine Überlegungen in dieser Richtung für den Augenblick auf.

Nachdem nun meiner Schätzung nach für diese Nachforschungen etwa eine Stunde vergangen war, war ich über meine fast völlig selbständigen Entdeckungen recht befriedigt. Ich war mir sicher, unter dynamischeren Umständen noch weitere Feststellungen zu machen, wie zum Beispiel über das Navigieren und Manövrieren in der Luft, falls mich der Diskus zu einer Fahrt mitnahm. Ich für meinen Teil war jetzt bereit zu einem solchen Abenteuer.

5. Kapitel

Weltflug über den Atlantik, Nordafrika, Syrien, Indien, Mittelafrika, Südamerika, Pazifik, USA, Mt. Shasta und zurück nach Kanada

Die in Kapitel fünf geschilderten Ereignisse fanden zu folgenden Zeiten statt: 30.7.1975 – 31.7.1975 – und der Rückflug am 1.8.1975 um 2.30 Uhr. Weltflug über Toronto, New York City, den mittleren Osten, mit Aufenthalten in Syrien und in einem Himalaya-Kloster, am nächsten Tag nach Peru, Kalifornien und dann zurück nach Huntsville, Ontario. *

Ich machte eine kurze Zigarettenpause, während der ich versuchte, dem Gehirn der Untertasse telepathisch meinen Wunsch und meine Bereitschaft zu einer Fahrt mitzuteilen. Ich zweifelte nicht daran, die ganze Zeit beobachtet und in jeder meiner Bewegungen begutachtet worden zu sein, obwohl die 'Kugel' passiv in telepathisches Schweigen gehüllt blieb. Nach meiner Pause ging ich wieder hinein und blieb erwartungsvoll stehen...

Zu meinem Entzücken reagierte das Lichtschiff, indem es 'zum Leben erwachte'. Genau wie beim ersten Mal, als ich in Panik davonlief, wurde die Deckenspirale aktiviert und begann in stärker werdendem Schein zu glühen und zu pulsieren. Als nächstes setzte der Abwärtsstrom in der Mittelsäule ein, und einige Lichtmuster in Inneren der Kugel veränderten sich. Ich nahm an, wir waren bereit, abzuheben.

Und mit einem leichten Stoß erhoben wir uns! Ungefähr hundert Fuß über dem Boden nahm es eine schwebende Position ein, wie ich an den Baumspitzen sah, die ich durch eine Luke betrachtete. Zu meiner großen Überraschung konnte ich die Bäume deutlich erkennen, so als

* Vergleiche die Karte Seite 225

sei draußen leichte Dämmerung, nur daß alles orangefarben erschien. Wahrscheinlich wurde innerhalb des 'Glases' der Luken ein Infrarot-Sichtgerät aktiviert, und zwar zusammen mit einem mächtigen Verstärker, denn der orangefarbene Schein des Schiffes konnte nicht die Ursache für die helle Erleuchtung der Landschaft sein.

Ein weiterer langsamer Aufstieg, um in größerer Höhe wieder zu schweben. Bei dem nun beachtlich schwächeren Licht im Innern setzte ich mich auf eine der geschweiften Bänke, so daß ich durch die Bodenluke blicken konnte. Deutlich konnte ich noch die Dinge da unten erkennen, einschließlich der Gartenhütte und des Beobachtungsdecks auf meinem Grundstück, obwohl es stockdunkel da unten sein mußte.

Als ich mich vorwärts beugte, um eine noch umfassendere Sicht zu haben, hielt ich mich automatisch an dem umlaufenden Schutzgeländer fest. Das führte zu einer weiteren Überraschung: Es war, als würde ich in die Landschaft unter mir wieder 'hineingezoomt'! Die Berührung des Geländers muß das bewirkt haben. Nun konnte ich die Dinge nach eigenem Willen verschieden stark vergrößert sehen, was ich durch weiteres Experimentieren feststellte. Phantastisch, einfach toll! Kein Wunder, daß mich der Diskus selbst in der Dunkelheit sehen konnte, und zwar sogar sehr genau.

Beim Blick durch die Luken in der Wand konnte ich von meinem Platz aus meilenweit orangefarbene Landschaft sehen, dazwischen die vereinzelten Lichter menschlicher Behausungen, aber der Himmel über dem Horizont war schwarz. Ich schaute durch die Kuppel an der Decke: Ich sah den weiten, sternenübersäten Himmel und einige verstreute orangefarbene Wolken.

Der Blick durch jede der Luken war ausgesprochen weit-

winklig, wobei sich die Sicht an den jeweiligen Rändern
der Luken sogar überlappte. So hatte ich tatsächlich eine
völlig ungehinderte Rundsicht, es war nur schade, daß
ich keine fünf Augen hatte, um gleichzeitig durch alle fünf
Luken blicken zu können. Ich wette, die 'Kugel' brachte
dieses Kunststück mit Leichtigkeit fertig.

Was für ein herrliches Erlebnis war es doch, sich während
des Fluges in diesem Raum aufzuhalten. Als wir zum Flug
über das Land ansetzten, war die Bewegung sanft und ohne jede Anstrengung, außerdem völlig geräuschlos. In-
nentemperatur und Luftdruck waren für meine Verhältnisse völlig normal. Ich genoß den Flug in vollen Zügen,
selbst die nunmehr einsetzenden schnelleren Flugmanöver. Es mußte hier ein Schwerkraft-Ausgleich eingebaut
sein, denn ich spürte kaum irgendwelche Wirkungen bei
schneller Beschleunigung oder jähen Wendungen. Natürlich kam nichts den halsbrecherischen Sprüngen nahe, die
ich bei früherer Gelegenheit bei UFOs beobachten konnte. Doch für mich war dieser Flug vielmal schneller und
reicher an plötzlichen Bewegungen als jeder Flug in einem herkömmlichen Jet. Kein Wunder, ich hatte ja auch
die 'Kugel'!

Wir flogen gerade über Toronto in einer Höhe von wohl
etwas über zehntausend Fuß*, machten dann eine scharfe
Wendung und ließen uns auf tausend Fuß fallen. Hier
schwebten wir kurz über einer wichtigen Kreuzung. Seltsam genug fühlte ich, daß jemand erregt zu uns herauf-
blickte. Meine hilfreiche Zoom-Einrichtung brachte un-
fehlbar eine weibliche Person in Sicht, die auf der Straße
stand und deren nach oben gewandtes Gesicht den Ausdruck höchsten Erstaunens widerspiegelte. Das Gesicht
kam mir sogar etwas bekannt vor, aber meine weitere
Untersuchung wurde unterbrochen, da das Lichtschiff

* ca. 3 000 Meter

70

jetzt höherstieg und weiterflog. Ich schaute auf meine Uhr: Zwecklos, denn sie ging nicht mehr. Ich nahm an, daß es ungefähr 1.30 Uhr war.

Als ich gelegentlich auf die Instrumententafel sah, bemerkte ich zwei Gruppen rasch wechselnder orangefarbener Lichtpunkte. Ah! Das mußten die Anzeigen für Höhe und Geschwindigkeit sein. Sehr praktisch, aber wo waren die Navigationskarten? Vielleicht verborgen in irgendeiner Konfiguration der Farbpunkte in der dicht gespickten Kugel? Nun, wie wär's mit den orangefarbenen Markierungen? Nach einem oder zwei Versuchen gelang es mir, die meisten orangefarbenen Funken und Muster zu vereinzeln, indem ich die selektive Sicht anwandte. Und da war es, wie erwartet: einer Luftaufnahme gleich, eine orange gefärbte Karte des Terrains unter mir, mit einem helleren orangenen Fleck, der sich darüber weg bewegte und unsere Position angab. Ich versuchte, in diese Karte hinein- und wieder herauszuzoomen, bis ich den halben Kontinent abgebildet erkennen konnte. Der helle, orangefarbene Fleck blieb im Bereich von Toronto, offensichtlich unsere laufende Position angebend.

Ich schaute auf der Karte nach New York City und dachte kurz daran, wie nett es wäre, jetzt über dieser Stadt zu schweben. In diesem Augenblick dehnte sich eine orange gefleckte Reihe von Punkten rasch von der Position des Raumschiffes aus und überbrückte den Raum zwischen Toronto und New York. Ich zählte die Punkte: es waren zehn für die Entfernung von – wie ich schätzte – circa vierhundert Meilen. Na, dachte ich, die Untertasse hat ja eine lustige Art, meine im Geist vorgeschlagene Flugroute anzuzeigen und auszuführen.

„Danke!" – sagte ich im Stillen zu der vorgeschlagenen Anordnung der Lichtpunkte in der Anzeige, mag es nun ein kleiner Höflichkeitsakt der Kugel sein, um mich zu erheitern, oder doch irgendeine eingebaute automatische Funktion. „Genau dahin möchte ich gern", fügte ich hinzu, und diesmal sagte ich es laut.

Und zum Kuckuck, wer hatte hier nun zu bestimmen, die Untertasse oder ich? Tatsache war jedenfalls, wir flogen in der richtigen Richtung, wie an der sich bewegenden Positionsmarkierung auf der vergrößerten Karte zu sehen war.

Wir brauchten weniger als zehn Minuten, um dorthin zu gelangen, wie ich aus der Zeitangabe des Anzeigeinstruments errechnen konnte, und das war ungefähr fünfmal schneller als im Verkehrsflugzeug. Doch das Tempo spürte ich überhaupt nicht. Die Geschwindigkeit lag weit über der Schallgrenze, und ich wunderte mich, daß UFOs keinen Überschallknall erzeugen. Inzwischen entdeckte ich, daß ich lediglich durch meinen Willen gesteuert, neben der Infrarot-Betrachtung durch die Luken, auch völlig 'normal' sehen konnte. Als New York aus großer Entfernung zu erkennen war, wünschte ich mir Normalsicht und zoomte hinein und heraus, um mir alle möglichen Ansichten zu verschaffen. Welch bezaubernder Ausblick! Viel erregender und phantastischer als wenn man oben auf dem Empire State Building gewesen wäre: All die Lichter auf dem Broadway, der dunkle Fleck des Central Parks, die funkelnden Lichtreklamen der Kinos auf der 42sten Straße. In den Straßen war noch viel Verkehr, trotz der späten Stunde.

Wir schwebten in ca. zwanzigtausend Fuß* Höhe, wie ich annahm, wohl um nicht entdeckt zu werden; aber auch, um dem normalen Luftverkehr auszuweichen. Als ich mich endlich sattgesehen hatte, lehnte ich mich in kindlicher Befriedigung zurück. Was nun, nach New York? Die

* 7 000 Meter

72

Pyramiden vielleicht? Oh ja – eine gute Idee. Ich war begeistert, aber wunderte mich, wie ich auf diese Idee gekommen war. War sie mir eingegeben worden, als sei es meine eigene, oder entstand sie ursprünglich in mir selbst aus unbegreiflichen Gründen? Nun, was soll's. Ich hatte Zeit genug, schließlich hatte ich Urlaub. Warum also nicht hin zu den Pyramiden?

Offensichtlich gelang es mir, meinen Wunsch telepathisch weiterzugeben. Eine orangefarbene Linie vieler Lichtpunkte erstreckte sich von New York nach Kairo, eine sichtbare Projektion meiner vorgeschlagenen Reiseroute. „Ja, ja", sagte ich still zu mir selber, „dahin wollen wir jetzt als nächstes, obwohl ich zwar nicht weiß, warum. Aber laßt uns gehen, auf jeden Fall."

Und das Raumfahrzeug gehorchte! Es beschleunigte und stieg höher, in Richtung Osten über den Atlantik. Bis nach Ägypten würden wir etwa drei Stunden brauchen, stellte ich mir vor.

Eine halbe Stunde später begann es zu dämmern. Ich benutzte nun ausschließlich die normale Sicht und bewunderte die Kavalkaden der Farben von tiefem Violett über Pastellblau bis zu zartem Rosa. Es war herrlich und ergreifend. Am liebsten hätte ich meine Augen nicht von dem poetisch-pittoresken Tagesanbruch gelöst, aber die aufgehende Sonne verwandelte schnell die Farben in nebelhaftes weiß und blau.

Ich stand auf, um mich zu strecken, ein paar Schritte zu gehen und dann auch nach etwas Eßbarem zu schauen, ein 'paar Würfel zu trinken' und eine Zigarette zu rauchen.

Später, als ich in den Anblick der Weite des leeren Himmels und des meist weißlichen Dunstes unter mir versunken war, mußte ich auf der Bank eingedöst sein. Plötzlich aber wachte ich auf und fand mich bereits über dem Sand Ägyptens schweben. Im Abstand von einigen Meilen konnte ich eine Stadt ausmachen, die Kairo sein mußte, und genau senkrecht unter uns war die große Pyramide. Aus der Höhe von zwanzigtausend Fuß sah sie recht klein aus.

Nach Ortszeit mußte es genau Mittag sein, denn auf dem Boden waren keinerlei Schatten zu sehen. Die senkrechte Mittelsäule der Untertasse war so ausgerichtet, daß sie genau eine Achse bildete zwischen der Sonne und der Pyramidenspitze.

Die Sonnenstrahlen schossen direkt durch die Mittelsäule hindurch. Aber zur gleichen Zeit schien ein Energiestrom darin aufwärts zu fließen! Es war kein Irrtum möglich: irgendein leuchtender, bläulicher Strom, der von der Deckenspirale absorbiert wurde, die pulsierend glühte, als würde sie den Strom schluckweise aufnehmen... In was? Ich nahm stark an, daß es da irgendeinen Energiespeicher dafür geben müsse. Vielleicht in den Wänden oder im Boden. Ich blickte nach unten, und die wabenförmigen Muster des Fußbodens glühten ebenfalls, jedoch nur ganz schwach. Vielleicht war dies die Speicherbatterie.

Was war das für eine Art Energie, die das Weltraumschiff in sich aufnahm? Und warum aus einer Pyramide heraus, einer Anhäufung unbelebter Steine, und waren die Sonnenstrahlen dazu nötig, vielleicht einer Art Polarisations-Effekts wegen?

Das geheimnisvolle Auftanken dauerte ungefähr fünfzehn Minuten. Dann hörte es auf: Entweder war die Untertasse 'vollgetankt' oder die Sonne hatte sich so stark weiterbewegt, daß der Vorgang endete. Auf jedenfall bewegte sie sich nun in südlicher Richtung weiter. Was nun? – dachte ich, aber mir fiel nichts Neues ein. Besser ist es, das Schiff bringt mich dahin, wo es will. Ich hatte den starken Verdacht, daß der Besuch der Pyramiden irgendwie doch seine Idee gewesen war.

Ich schaute in die Kugel, aber da war kein geplanter Kurs angezeigt. Wir flogen äußerst langsam über das Niltal hinweg. Ich wollte gern wissen, sind wir jetzt auf einer Ausflugsreise, um Sehenswürdigkeiten zu betrachten, oder versuchen wir, etwa nur die Zeit totzuschlagen bis zur nächsten „geschäftlichen Verabredung" der Untertasse? Nun, mir war es gleichgültig. Ich war nicht in Eile, und Ägypten hätte ich schon immer gerne mal gesehen. Auf diese Weise konnte ich durch die Luken viele ihrer antiken Sehenswürdigkeiten aus gutem Blickwinkel und in vielen Einzelheiten betrachten; darüber hinaus bekam ich auch manchen flüchtigen Eindruck von Ansiedlungen und sogar von militärischen Einrichtungen in der Suez-Kanal-Zone.

Ich wunderte mich, warum wir von der immer in Alarm befindlichen Luftwaffe noch nicht entdeckt und gestellt wurden. Wir waren nun mindestens schon zwei Stunden über Ägypten. Es war unmöglich, nicht entdeckt zu werden; es sei denn, das Schiff wollte unentdeckt bleiben und hätte ein Gerät, um sich unsichtbar zu machen.

Wir wechselten den Kurs in Richtung auf das Heilige Land. Auf dem Weg dahin erhaschte ich einen flüchtigen Blick aufs Mittelmeer, dann folgten Wüste, bewohnte Gebiete, eine oder zwei Städte.

Wir stoppten, um einige Minuten in der Nähe des Toten Meeres zu schweben, dann später über einer nahe gelegenen Stadt, dann über einer anderen, in der Nähe eines großen Sees. Ich bediente mich der vergrößernden Sicht, aber das sagte mir nicht viel. Es konnte Bethlehem oder Nazareth sein, doch aus dieser Höhe sah ein Ort aus wie der andere in diesem biblischen Land.

Wir bewegten uns weiter in eine unfruchtbare Wüstengegend hinein, dann gingen wir auf einer der vielen felsigen Erhöhungen herunter, nahe einer staubigen Straße. Wir landeten voll und warteten; warum, wußte ich nicht. Nach zehn Minuten wurde es mir langweilig, auf die trostlose, felsenübersäte Landschaft hinauszusehen, die im grellen Sonnenlicht zu rösten schien. Ich stand auf, um mich zu strecken und beschloß, dies zur Abwechslung außerhalb zu tun.

Ich betätigte den Türöffner und ging die Rampe hinab, damit zum ersten Mal in meinem Leben den Fuß auf biblischen Boden setzend. Sengende Hitze traf mich wie ein Schmiedehammer. Es war einfach unglaublich, als wäre man in einem Schmelzofen. Ich stellte mir vor, daß ich innerhalb einer Stunde tot wäre, würde ich hier stranden. Ein absurder Gedanke traf mich: Was, wenn die Untertasse nichts wollte, als mich hier abzusetzen; und ich war dazu noch blöd genug, um selber auszusteigen. Verdursten würde eine schreckliche Todesart sein, nicht zu sprechen von den Aasgeiern.

Ich umschritt den Umfang dieses kleinen Plateaus, auf dem wir gelandet waren und wollte in ein bis zwei Minuten wieder zurück sein. Eine Staubwolke nahm meine Aufmerksamkeit in Anspruch; unten auf der Straße, ein paar Meilen entfernt, sehr wahrscheinlich irgendein verrückter Kraftfahrer. Ich entschloß mich zu warten, bis das Fahrzeug näher käme, um einmal zu sehen, wie es auf ein gelandetes UFO reagierte. Reagieren aber mußte ich selber, und zwar auf etwas sehr Überraschendes. Eine Kolonne Panzerfahrzeuge löste sich aus der Staubwolke, schwärmte aus und stoppte ungefähr eine halbe Meile von uns entfernt.

Dann eröffneten ihre Geschütze das Feuer auf uns! Die müssen verrückt sein, dachte ich, als ich die ersten Granaten etwas zu kurz explodieren sah. Ich war gerade im Begriff, in die Untertasse zurückzurennen, als die zweite Serie von Geschossen in der Luft explodierte, direkt vor mir, nicht weiter als ungefähr zehn Meter von mir weg. Ich hörte dumpfe Explosionen, die Erde schwankte etwas, aber es gab keine Stoßwellen. Normalerweise hätte ich getötet werden müssen, wenn Granaten so dicht vor mir explodieren – doch ich war nicht einmal verletzt, außer daß ich vorübergehend geblendet war.

Trotzdem aber blieb ich nicht stehen, sondern rannte Hals über Kopf in das Raumschiff zurück. Es war heiß zum Rösten darin, aber als die Tür hinter mir geschlossen war, normalisierte sich die Temperatur erstaunlich schnell. Das nennt man Klima-Anlage, mußte ich sagen, ganz abgesehen von dem Kraftfeld-System, das angewendet wurde, um die Geschosse unwirksam zu machen. Es muß ein ganzer Schutzschirm oder eher eine Kuppel gewesen sein, denn das Feld mußte ja allen Geschossen gegenüber wirksam sein, die rings um uns explodierten.

Der Beschuß hörte auf. Man sah um uns nichts als wirbelnden, dicken Staub. Der Diskus erhob sich und stieg senkrecht auf ungefähr tausend Fuß hoch. Ich sah einige offene Tankluken mit Köpfen darin, die zu uns heraufsahen. Ich zoomte auf einen davon hinunter. In dem ölverschmierten Gesicht spiegelten sich Verblüffung und Unglaube, daß ich vor Lachen fast platzte.

Dann stiegen wir noch höher. Wir waren ungefähr zehntausend Fuß hoch, als wir auf eine andere Gruppe von Verfolgern trafen. Eine Formation von drei Abfangjägern blitzte seitlich hinter uns auf, wendete und kam uns dann entgegen. In diesem Augenblick setzte der Diskus zu einem plötzlichen und schwindelerregenden Steilflug an, der mir den Atem raubte und mich fast in den Boden gedrückt hätte. Ich erblickte zwei Rauchfahnen, die von der Leitmaschine her auf uns zukamen. Als wir schnell noch höher stiegen, folgten uns die Streifen! Lenkraketen! – stellte ich mit Schrecken fest. Die Flugzeuge rasten tief unter uns vorbei. Dann sah ich zwei kurze Stöße irgendwelcher blauer Strahlen aus dem Raumschiff selbst herauskommen, und die beiden Geschosse explodierten weit weg von uns, ohne daß jemand verletzt werden konnte.

Wir rasten davon und waren außer Sicht, bevor die Piloten uns überhaupt erspähen konnten. Ich fühlte mich erleichtert, aber auch seekrank. Es schien, mein Körper konnte diese Geschwindigkeit und akrobatischen Manöver nicht aushalten, trotz des ausgleichenden Feldes, das angewandt wurde, um die Wirkungen auf mich etwas zu dämpfen.

Ich war ziemlich benommen nach all diesen Ereignissen. Immerhin war ich es ja nicht gewohnt, von Tanks und Kampfflugzeugen angegriffen zu werden. Und, was noch hinzukommt, in UFOs zu fliegen, ebenfalls nicht. Aber schließlich wußte ich jetzt wenigstens, warum wir in den mittleren Osten gekommen waren: Die Untertasse wollte ihr Verteidigungssystem demonstrieren, und zwar – was um so dramatischer war –, indem sie die Angriffe selbst provozierte. Ich nahm an, sowohl Panzer wie Flugzeuge waren arabisch, und es war klar, daß sie auf alles Fremde schossen, das sich in ihrem Territorium bewegte.

Das Kraftfeld war ehrfurchtgebietend und eindrucksvoll: ein kuppelförmiges Kraftfeld, das mindestens fünfzig Fuß nach auswärts projiziert werden konnte, mußte einen Riesenaufwand von Energie erfordert haben. Und der 'Laserstrahl' – oder was immer es war – der die Geschosse zur Explosion brachte; die bläuliche Farbe dieses

Strahls sah dem Energiefluß, mit dem die Untertasse über der Pyramide aufgeladen wurde, enorm ähnlich.

Nachdem das Flugschiff seine Aufgaben im Mittleren Osten offensichtlich erfüllt hatte, nahm es seinen Kurs anderswohin. Beim Blick in die Kugel gelang es mir, die geplante Strecke zu erkennen: Sie reichte tief nach Asien hinein, direkt in das Herz des Himalaya. Wir waren auf dem Weg nach Tibet! Ich vermutete dies aufgrund der allgemeinen Topographie dieses Gebietes, denn politische Grenzen oder gar Namen waren auf der 'Karte' nicht angegeben.

Aber was um Himmels Willen hatten wir in Tibet zu suchen? Schwach erinnerte ich mich, daß es innerhalb Rot-Chinas gelegen war. Allerdings bezweifelte ich, Chinesen oder überhaupt irgend jemand zu sehen in diesen feindseligen, von Schnee und Eis bedeckten Bergen. Trotz alledem genoß ich den Flug und heftete meinen Blick unausgesetzt an die Luken und speziell an die eine im Boden. Das Land war ausgesprochen rauh: Wüsten und unfruchtbares Gebirge, aber es war die Route, die Karawanen und Armeen seit alter Zeit zu nehmen pflegten.

Nachdem wir einige fruchtbare Ebenen überflogen hatten, gelangten wir bald in das Gebiet der schneebedeckten Himalayagipfel. Die Anzeichen menschlicher Ansiedlungen schwanden völlig dahin. Wir flogen nun nicht sehr hoch über den erhabenen Gipfeln, hinter uns die schon tiefstehende Sonne, wobei die Täler bereits in tiefes Dunkel getaucht waren.

Schließlich ging das Schiff zum Schwebeflug über. Irgend etwas Bemerkenswertes unter uns war aber nicht zu sehen, nur rauhes Gebirge und riesige Mengen von Schnee. Die Sonne war dicht über dem Horizont, als wir uns anschickten, herunterzugehen. Wir landeten in düsterem Zwielicht, weit unterhalb der Gebirgskämme.

Offensichtlich setzten wir auf einem Sims auf, der sich um den hoch vor uns aufragenden Berg herumzog. Tausend Fuß entfernt zeichnete sich ein anderer rauher Gebirgszug ab, sein Gipfel zum Teil in Wolken gehüllt. Vor uns gähnte ein bodenloser Abgrund – äußerste Verlassenheit.

Die Zeit verstrich. Draußen wurde es dunkler von Minute zu Minute. Worauf warteten wir? Doch das fand ich früh genug heraus. Hinter der Biegung kam eine seltsame Prozession in Sicht. Es war eine Reihe von etwa zehn fackeltragenden menschlichen Gestalten, die in ihrer winterlichen Fellkleidung direkt auf uns zuhielten.

Und dann kam die große Überraschung! Als die Prozession in ungefähr zwanzig Fuß Entfernung vor uns stehen blieb und sich wie eine Ehrengarde im Halbkreis aufstellte, ging die Tür des Raumschiffes auf und die Rampe senkte sich herunter.

Eine Gestalt, die ohne Fackel war, streckte den Kopf durch den Eingang – und warf mir ein Bündel Fellkleidung vor die Füße. Die Person sah aus wie ein tibetischer Mönch, wie übrigens auch alle Übrigen. Er ließ mich durch Gesten verstehen, daß ich die Kleidung anlegen solle und bedeutete mir, ihm anschließend zu folgen. Zum Kuckuck! War ich gefangen genommen worden, oder war dies ein Stützpunkt der 'Fremden', oder was sonst?

Offensichtlich war all das, Landung und Empfang, geplant. Ich hatte keine andere Wahl, als den Anweisungen zu folgen. Ich zog das Fellzeug an, ebenso Mütze und Stiefel. Ich fühlte eine leichte Erregung in mir aufsteigen, denn dies war ein unglaubliches Abenteuer erster Klasse, und eine goldene Gelegenheit, die Mönche auszuquetschen über alles, was sie über dieses UFO-Geheimnis wußten.

Ich folgte dem Wink des Mönchs und trat heraus, wobei ich das Gefühl hatte, in eine Tiefkühltruhe zu steigen. Hoch oben heulte wild der Sturm, der eine Herde zerzauster Wolken vor sich hertrieb, die den Canyon halb unsichtbar machten. Kein angenehmer Aufenthalt, dachte ich. Windböen stießen uns ins Gesicht und löschten fast die Fackeln aus, als wir begannen, langsam den Sims entlang hinabzuschreiten. In der Kurve schaute ich zurück. Die Untertasse stand jetzt regungslos da, sie glühte schwach, die Rampe war eingezogen und die Tür verschlossen.

Nachdem wir einige Minuten auf dem sich windenden und immer enger werdenden Pfad gegangen waren, traten wir in einen Tunnel ein, der schließlich in einen großen von Fackeln erhellten Raum im Innern des Berges führte.

Ich hatte das Gefühl, in einer Art unterirdischen tibetischen Klosters zu sein. Ich wurde angewiesen, die Fellkleidung abzulegen und an dessen Stelle einen grauen Kittel überzuziehen. Ich wurde dann feierlich, aber schweigend, von einem tibetisch aussehenden Mönch begrüßt, der eine gelbe Robe trug.

Er führte mich eine Steintreppe hinauf, und durch ein altes Tor kamen wir in einen anderen Raum.

Der sah aus wie ein von Kerzen erhellter Versammlungsraum. Dort saßen zwölf Mönche in verschiedenfarbigen Roben im Lotossitz auf dem hölzernen Fußboden. Sie waren in einem Halbkreis angeordnet, vor sich eine Estrade mit einem leeren Stuhl. Diesem gegenüber, auf einem zweiten Stuhl, saß ein sehr alter Mann. Merkwürdigerweise waren neben den Orientalen auch viele Weiße und Schwarze in der Gruppe.

Es war also nicht direkt eine typische tibetische Kloster-
szene. Ich wurde zu dem freien Stuhl geleitet, und mein
Führer bedeutete mir, zu schweigen.

Ich wartete, bis jemand sprechen würde, aber das Schweigen wurde nicht gebrochen, abgesehen von einigem Ge-
murmel, das wie Gebete klang. Niemand zollte mir besondere Aufmerksamkeit, doch hatte ich das unheimliche Gefühl, durch und durch studiert zu werden.

Dieser in völligem Schweigen sich abspielende Vorgang
dauerte Stunden. Schließlich stand der alte Mönch mir
gegenüber auf, nickte mir mit einem warmen Lächeln zu
und ging hinaus. Die anderen folgten ihm. Ich war allein
gelassen, was eine weitere Stunde gedauert haben dürfte.
Merkwürdigerweise fühlte ich mich friedlich und geduldig. Es war fast wie ein Sich-entspannen am Strand. Über-
dies wußte ich, daß nichts zu tun war als zu warten. Nun,
es gab ja auch nichts, was pressierte.

Ein junger Mönch trat ein und stellte ein Tablett mit Tee,
heißem Gebäck und getrockneten Feigen neben mich.
Auf meinen Versuch, ein Gespräch zu beginnen, schüttelte er nur den Kopf. So zuckte ich mit den Schultern und
aß. Danach kam der ältere Führer zurück und führte mich
durch ein Labyrinth von Korridoren in eine große, ge-
wölbte Halle. Sie war erfüllt von mindestens hundert
Mönchen aller Rassen und Farben, in mattgoldenen Roben. Sie alle saßen im Lotossitz auf dem hölzernen Boden, inmitten einer Unmenge brennender Kerzen und
Weihrauchstäbchen, so daß die Luft kaum zu atmen war.

Ich wurde wieder auf einer Estrade plaziert, auf einen von
zwei freien Stühlen. Wenig später ertönte ein Gong, und
der sehr alte Mönch aus dem Versammlungsraum trat
feierlich herein und nahm den anderen Platz ein. Ich vermutete, es war der sogenannte Großlama dieses tibeti-

schen Klosters, das erfüllt war mit meist völlig untibetisch aussehenden Mönchen. Wie kamen sie alle hierher, und was taten sie in dieser völlig ungewohnten Umgebung?

Nun begann ein Gesang, der den Tempel erfüllte. Der langsame, feierliche Rhythmus, der aus den hundert Kehlen aufstieg, wurde bisweilen unterbrochen durch den Klang einer Rassel und den Schlag eines Gongs. Das ging auf sehr angenehme Weise für Stunden so weiter. Nach einer gewissen Zeit fühlte ich mich körperlich in der Luft schweben, und innerlich und äußerlich wie sanft gewaschen, ein angenehmes, prickelndes Gefühl. Später sah ich sogar ein völlig unmögliches Geschehen, vielleicht aufgrund einer leichten Halluzination: Der Körper des Lamas flog langsam nach oben in die Luft und blieb dort ohne jede äußere Unterstützung schweben, während eine Wand des Tempels verschwand, um den Blick auf ein orangefarbenes glühendes Lichtschiff freizugeben, das über dem offenen Abgrund schwebte.

Mich fror, als ich mir plötzlich vorstellte, daß ich völlig im Freien war, auf einer schmalen Terrasse stehend, mit Blick auf das Tal, und das Schiff mitten in der Luft. Ich wußte nicht, wie und wann ich hierher kam, und ohne schützende Fellkleidung mußte es eiskalt sein. Der Großlama stand neben mir, gleichfalls leicht gekleidet, jedoch offensichtlich ohne zu frieren. Die Arme erhoben, blickte er zu einem schneebedeckten Gipfel, der in blendendem Orange aufglühte, als ihn die ersten Sonnenstrahlen erreichten. Ein Mönch neben dem Lama blies in ein fantastisches langes hölzernes Horn, und das Echo dieses seltsamen Klanges hallte noch eine ganze Weile nach.

Der Großlama veranlaßte mich, ihm durch ein schmales Tor zu folgen, das uns zurück in den gewölbten Tempel führte. Der Ort war sauber und leer. Dort berührte der

Lama meinen Kopf mit einer segnenden Geste und ging dann weg. Ich war wieder allein und versuchte, hinter den Sinn dieser mysteriösen tibetanischen Ereignisse zu kommen. Ich wunderte mich darüber, daß überhaupt nichts gesprochen wurde. Aber Taten waren hier wohl wichtiger als tausend Worte. Und etwas wunderbares mußte mit mir geschehen sein: Ich fühlte mich ungewöhnlich kraftvoll und vibrierend, mein ganzes Wesen war wie in einen höheren Seinszustand versetzt, den ich in Worten gar nicht zu schildern vermag.

Der alte Lamaführer trat ein und brachte mich zurück in den ersten Raum, wo er mich die schwere Kleidung wieder anziehen ließ. Eine Gruppe ebenso schwer gekleideter Mönche brachte mich den sich windenden Pfad den Vorsprung entlang zurück zu dem wartenden Raumschiff. Ein Mönch begleitete mich die Rampe hinauf und wartete, um die Pelzbekleidung wieder mitzunehmen. Dann gingen die Mönche einzeln hintereinander wieder zurück, ohne auch nur den Blick zu wenden.

Das Schiff erhob sich im ersten Morgenlicht über die Bergspitzen. Unten waren keinerlei Anzeichen eines Mönchsklosters zu sehen, nicht einmal die Andeutung eines Zugangs zu irgendeinem Ort...

Nach der 'Kugel' zu schließen, waren wir jetzt auf dem Weg nach Südamerika, in den Bereich der Westküste. Es mußte wohl Peru sein. Eine andere Mission; vielleicht ein weiteres Rätsel für mich!

Der Flug nach Südamerika nahm ungefähr fünf Stunden in Anspruch, was mir aber nicht lang erschien und auch nicht langweilig war. Ich betrachtete die vorüberschwebende Landschaft Asiens und Afrikas wie in einem Reisefilm, wann immer die Wolken meine Sicht nicht behinderten. Ich mußte die 'Infrarotsicht' wählen, denn es wurde fortschreitend dunkler da unten, da wir ja der Nachtseite zueilten, die aufgehende Sonne und damit das Tageslicht hinter uns lassend. Ich vermutete, der Diskus brauchte keine Sicht, um zu navigieren, anfängliche Orientierung vielleicht ausgenommen. Eher flog er mittels verschiedener Markierungen, die spezielle Charakteristiken ausstrahlten, die er auswerten konnte, so wie es im Falle der Pyramiden und des Klosters ja gewesen sein mußte.

Über dem Innern Südamerikas gingen wir auf ungefähr fünftausend Fuß herunter. Auch bemerkte ich, daß wir langsamer wurden. Es schien, daß das Material der Untertasse in seiner verfestigten Form den gleichen Beschränkungen unterworfen war, die durch Reibung erzeugt wurden, wie normale Flugzeuge. Das gleiche mußte auch für die Manövrierfähigkeit gelten, die ohnehin mit Rücksicht darauf, was mein Körper aushalten konnte, reduziert war. Denn der Grund, warum das Raumschiff in festem und nicht in 'ätherischem' Zustand flog, konnte nur ich selbst sein. Vielleicht war mein Körper nicht angepaßt an eine Reise in der 'anderen Dimension' – wenigstens bis jetzt noch nicht.

Als wir uns Südamerika näherten, kam die Sonne im Westen über den Horizont. Das war ja gewiß ein seltsamer Tag für mich, wo die Sonne in der 'falschen' Richtung lief. Die tropischen Regenwälder im Amazonas-Gebiet verwehrten in ihrer Undurchdringlichkeit jeden Blick auf den Grund. Als wir die Andenkette erreichten, stiegen wir höher und höher und flogen über von Vegetation bedeckte Berghänge, dann über nackte, felsige Bergkämme, direkt der untergehenden Sonne entgegen.

Auf einem hohen Plateau erblickte ich etwas, was ich für den Titicaca-See hielt, dann einige Überreste der alten Inka-Kultur. Die herrlichen Ruinen von Macchu Picchu kamen ins Blickfeld. Aber es ging weiter, und dann flogen wir in Kreisen in ungefähr fünftausend Fuß Höhe über den in Dunkelheit versinkenden Bergen, ähnlich einem Flugzeug, das auf Landeerlaubnis wartet (ca. 1700 m).

Wir machten die siebte Runde über der nun völlig dunklen Landschaft, als ich durch einen gewaltigen Ausbruch grünen Lichts aufgeschreckt wurde, das uns von unten her erreichte. Grünes Licht? Von unten? Das war ziemlich merkwürdig. In diesem Augenblick begann der Mittelschaft der Untertasse in einem blau-grünen Energiestrom aufzuleuchten und ebenso immer stärker werdend die Deckenspirale.

Nun traf uns ein weiterer grüner Blitz von unten, doch aus einer anderen Richtung. Dann noch einer, wieder von wo anders her, insgesamt sieben Lichtblitze innerhalb weniger Minuten, von verschiedenen Orten, in unregelmäßigen Abständen mit verschiedener Stärke. Dann war alles vorbei.

Wir waren eingehüllt in einen grünlichen Nebel, mit überspringenden Lichtpunkten wie bei Entladung hoher Spannungen. Offensichtlich 'saugte' die Mittelsäule all das auf und gab es an die Deckenspirale weiter, die es ihrerseits wieder transformierte und in die Batterien der Untertasse lenkte. Dieser Vorgang dauerte mindestens weitere zehn Minuten, bis der letzte Rest des grünen Nebels endlich verschwunden war.

Draußen war alles dunkel und sah normal aus. Von fern mußte es ausgesehen haben wie ein vorüberziehender elektrischer Sturm. Ich aber hatte das Gefühl, daß dies absichtlich von der Untertasse hervorgebracht oder absichtlich von unten in unsere Richtung gelenkt wurde – aber von wem oder wovon?

Ich war ziemlich sicher, daß das Speichern dieser Art von Energie der Grund war, warum wir hierher gekommen waren. Der Zeitpunkt unserer Ankunft genau nach Sonnenuntergang und unser Kreisen, eine ganze Zeitlang, müssen wichtige Faktoren beim Auslösen dieses 'Energiebombardements' gewesen sein. Und zudem war auch diese Sache ein weiteres mysteriöses Rätsel in einer bereits recht ansehnlichen Reihe von Rätseln.

Die Mission war offensichtlich erfüllt, und die Untertasse schickte sich an, weiterzufliegen. Aus der Angabe in der 'Kugel' schloß ich, der Kurs ging zur Westküste der USA, irgendwo in Nordkalifornien. Rund zwei Stunden Flugzeit. Und näher zu Hause, diesmal.

Als wir uns Kalifornien näherten, wurde am westlichen Horizont die Dunkelheit allmählich lichter – und die Sonne kam wieder! Ein umgekehrter Sonnenuntergang, ohne Zweifel aufgrund unseres raschen Wechsels der Zeitzonen. Die ersten Astronauten, die die Erde umkreisten, mußten ähnliche Merkwürdigkeiten gesehen haben. Nahe unserem Bestimmungsort aber ging die Sonne wieder unter, und diesmal endgültig. Bald war es dunkel.

Das Flugschiff stoppte seinen Flug, ging tiefer und schwebte in ungefähr dreitausend Fuß Höhe über einem Berggipfel, der die verhältnismäßig ebene Landschaft ringsum beherrschte. So wenigstens erschien es bei der Infrarotsicht, die ich wegen der Dunkelheit nunmehr anwenden mußte. Ich glaube, wir waren über dem Mount Shasta oder einem anderen einzeln stehenden Berg innerhalb dieser wenige hundert Meilen umfassenden Gegend. Das wenigstens ergaben meine späteren Ermittlungen auf einer Landkarte, die ich aufgrund meiner Erinnerung an die Angaben der 'Kugel' durchführte.

Nun begann die Deckenspirale zu glühen und zugleich

mit dem Mittelstrahl zu pulsieren. Ich hatte das Gefühl, das Lichtschiff würde jemand oder etwas da unten signalisieren, so wie es auch bei mir zu verschiedenen Gelegenheiten der Fall war. Wie auf ein Stichwort leuchteten am Berghang drei Lagerfeuer auf, eins nach dem andern, mindestens eine halbe Meile voneinander entfernt, so daß die Spitzen eines Dreiecks gebildet wurden. Ich war sicher, das konnte kein Zufall sein. Das war ein Signal, eine Antwort.

Durch die vergrößernde Sicht bemerkte ich etwas, was wie menschliche Gestalten um jedes Feuer aussah. Die meisten von ihnen waren in priesterliche Gewänder gekleidet. Ganz sicher war ich allerdings nicht, auch nicht über andere Einzelheiten, denn das Schiff bewegte sich nun ein wenig, genau über dem geometrischen Mittelpunkt des Dreiecks, der sich mit dem Berggipfel deckte. Es wechselte sein Licht von orange auf grünlich-blau, was eine klarere Sicht verhinderte.

Dann begann ein starker, blendender grünlich-blauer Energiefluß gewaltig durch die Mittelsäule nach unten zu strömen. Ich dachte, von außen mußte es aussehen wie der Lichtstrahl eines drei Fuß großen Scheinwerfers – oder ein Energiestrom, der den Mount Shasta traf und ihn 'auflud'. Der unglaublich starke Energiefluß dauerte ungefähr dreißig Sekunden und hörte dann abrupt auf.

Als ich nach einer oder zwei Minuten wieder meine Augen erhob, war draußen alles wieder normal: Nichts mehr zu sehen, nur die drei Lagerfeuer in der nächtlichen Dunkelheit.

Eine weitere Aufgabe war erfüllt, und die Untertasse nahm ihren Flug wieder auf. Die Anzeige in der 'Kugel' zeigte ins Gebiet nördlich von Toronto.

Eine Stunde später erblickte ich in der Nacht Torontos CN-Turm. Bald danach waren wir über der Gegend von Huntsville und senkten uns herab auf die Wälder in der Nähe meines Grundstücks. Wir landeten auf demselben Fleck, wo wir vergangene Mitternacht aufgestiegen waren. Der Diskus öffnete sich und die Rampe senkte sich hinunter. Offensichtlich wurde ich gebeten, auszusteigen.

Meine erste Reise in einem UFO war vorüber. Es war unfaßlich und faszinierend! In gewisser Weise lernte ich auch dabei, denn nun war ich wenigstens ein bißchen „in", was das UFO-Geheimnis betraf. Im wesentlichen aber wußte ich nichts. Doch ich fühlte, ich würde noch mehr erfahren, und diese Reise war nur ein Schimmer dessen, was bald noch kommen würde.

Mit diesen Abschiedsgedanken trat ich hinaus in die kühle, dunkle Muskoka-Nacht. Ich war wieder auf Heimatboden. Ich fühlte mich wohl nach all diesen fernen Orten und seltsamen Erlebnissen, aber auch traurig, daß das Abenteuer vorbei war.

Am Rand der Lichtung blieb ich stehen und sah das Lichtschiff sich auf ungefähr dreißig Fuß über dem Boden erheben, wo es dann langsam aus dieser Dimension verschwand. Voller Hoffnung nahm ich dies als einen Hinweis dafür, daß meine nächste Reise in eben jene andere Dimension führen würde...

6. Kapitel

Im Weltraum

Die in Kapitel sechs geschilderten Ereignisse fanden zu folgenden Zeiten statt: 3.8.1975, 23.45 Uhr – Landung des Raumschiffes 4.8.1975, 0.10 Uhr – das Raumschiff schwebt über dem Pickering-Kernkraftwerk (Ontario-Hydro). 4.8.1975, 1.00 Uhr – erstes inter-dimensionales Überwechseln des Verfassers über dem Ontariosee, halbwegs zwischen Niagara-on-the-Lake und Mississauga, Ontario. Zwei Wochen in anderen Dimensionen – verflossene irdische Zeit dabei drei Tage! Rückkehr vom Flug 7.8.1975, 1.30 Uhr. Die Geschehnisse während dieser Zeit umfassen die Kapitel sechs bis zwölf inklusive.

In der Nacht, in der ich von meinem ersten UFO-Flug zurückkehrte, hatte ich nicht das Bedürfnis, zu schlafen. Trotz der Ermüdung durch die volle Tagesreise war ich hellwach. Nachdem das Weltraumschiff abflog und in die andere Dimension überwechselte, ging ich langsam zu meinem Grundstück zurück. Gern hätte ich gewußt, wie spät es sei.

Ich schaltete mein Autoradio ein, und bald gelang es mir, die Zeitansage eines rund um die Uhr arbeitenden Senders hereinzubekommen: Es war 2.45 Uhr nachts. Demnach war ich 27 Stunden weg. Ich stellte meine Uhr, die, wie ich sah, wieder lief. Ich staunte über mein etwas aus der Norm gekommenes Zeitgefühl. Auch vieles andere war mir immer noch nicht klar, und ich hätte gern noch mehr gewußt über die geflogenen Geschwindigkeiten, die Flughöhe, die genaue Flugroute, die Art und Weise, wie der Diskus funktionierte, über seinen Antrieb, die verschiedenen Energieformen und vor allem schließlich über seine Absichten und seinen Zweck.

Mit anderen Worten, ich wollte einfach alles wissen und sehnte mich nach einer Erklärung oder zumindest nach verbaler Kommunikation. Das ist ja wohl eine menschlich verständliche Einstellung. Denn ich war mir wirklich nicht sicher, ob ich all diese fremdartigen Dinge begreifen konnte, wie die wortlose Verständigung, die nicht-maschinelle Ausrüstung des Raumfahrzeuges, seine nicht-manuelle Bedienungsweise und die nicht 'menschengemäße' Art interdimensionalen Reisens.

Doch irgendwie hatte ich den Verdacht, in diesem sich entfaltenden Drama zukünftig eine Rolle zu spielen. Und ich konnte dies irgendwie dadurch ergründen, wenn es mir gelang, meinen Normalverstand auf eine höhere Seinsstufe zu bringen. Vielleicht war dies auch zum Teil der Zweck dieser Reise nach Tibet: Meine Fähigkeit außersinnlicher Wahrnehmung auf eine solche Stufe zu erheben, daß es mir möglich war, mit der 'Intelligenz' des Schiffes laufend in geistigem Kontakt zu bleiben. Und weiter, wie stand es mit den Vorbedingungen für meine erhoffte interdimensionale Reise? Diese würde sicherlich drastische Veränderungen aller Art in meinem Schwingungszustand und in der chemischen Konstitution meines Körpers bedingen. Vielleicht arbeiteten sie in Tibet auch daran, wer weiß?

Alles, was ich zum jetzigen Zeitpunkt wußte, war das, daß ich mehr sehen und mehr wissen würde, wenn die Zeit kommt und ich bereit bin...

Der nächste Tag kam und ging; er ist mir nur noch verschwommen in Erinnerung. Es war sehr heiß, und ich verbrachte den Tag am Strand und die Nacht an meinem Lagerfeuer, immer noch damit beschäftigt, meine Erlebnisse zu verdauen.

Allmählich wurde ich wieder 'normal'. Die folgende Samstag-Nacht fühlte ich mich etwas ruhelos. Ich brach sogar meine Nachtwache ab und fuhr stattdessen in ein Ferienhotel, wo ich die ganze Nacht hindurch wild und ausgelassen tanzte.

Dann kam der Sonntag, der 3. August 1975. Ich fühlte mich entspannt, ruhig und bestens ausgeruht. Ich fühlte eine leichte Erregung in mir, als wäre es ein 'kosmischer Ruf'. Und ich dachte auch, nun wieder ohne weiteres bereit zu sein, mich in ein neues UFO-Abenteuer zu stürzen.

Bei Abenddämmerung fand ich mich auf meinem 'Zwielicht-Platz' sitzend, ruhig und träumerisch. Ein Gefühl der Vorfreude wurde in mir von Minute zu Minute stärker. Ich war mir bewußt, bereit zu sein, auch hatte ich eine Ahnung, daß nun die Zeit gekommen war.

Es war zehn Uhr abends. Ich ging zu meinem Wochenendplatz zurück, aß etwas und schloß ab. Ich wußte jetzt auch, daß ich für längere Zeit nicht zurückkommen würde. Ich beschloß, Uhr und Autoschlüssel in einem Versteck zurückzulassen. Dann ging ich hinüber ins 'Niemands-Land' und setzte mich auf einen Baumstumpf in der Nähe der Lichtung.

Ich wartete nur, nun innerlich völlig sicher, daß ein neues Erlebnis bevorstand. Die Nacht war herrlich, und ich fühlte mich ausgezeichnet und so bereit, wie ich es nur je sein konnte.

Ungefähr zwanzig Minuten waren verstrichen, als ich den plötzlichen Eindruck hatte, das UFO sei in der Lichtung angekommen. Ich bohrte meine Augen in die Finsternis: ein kaum wahrnehmbarer Schimmer zeigte sich innerhalb ungefähr einer Minute, der sich allmählich verstärkte.

Ich triumphierte. Die Ankunft hatte sich als richtig erwiesen, und ich mußte es mittels außersinnlicher Wahrnehmung entdeckt haben. Nach alldem war dies doch für einen Anfänger gar nicht schlecht.

Das Lichtschiff materialisierte sich völlig und senkte sich dann auf den felsigen Grund herab. Dann ging die Tür auf, die Rampe kam herunter. Ich stand auf und ging begeistert an Bord, in der Hoffnung auf ein weiteres erregendes Abenteuer.

Ich schaute mich innen um. Nichts hatte sich verändert. Die Tür hinter mir schloß sich, die glühende Deckenspirale pulsierte langsam. Offensichtlich waren wir bereit, abzuheben, was mich hoch erfreute. Ich war guten Mutes, bereit für eine weitere erlebnisreiche Reise.

Wir lösten uns vom Grund und stiegen senkrecht hoch. Ich saß bei der Bodenluke, während wir höher und höher stiegen, ungefähr auf zwanzigtausend Fuß. Unten verschwanden allmählich die vereinzelten Lichter, nur die Lichtbänder der benachbarten Städte blieben sichtbar.

Das Schiff setzte zum waagrechten Flug an und war bald über Toronto. Hier gingen wir bis auf ein paar tausend Fuß Höhe herunter, genau östlich der Stadt, in der Gegend von Pickering. In diesem Augenblick sah ich eine andere Untertasse. Sie sah ziemlich ähnlich wie meine aus und war im Begriff, auf das nahegelegene Kernkraftwerk herunterzugehen. Sie stoppte erst wenige hundert Fuß über der Anlage. Sie schwebte dort einige Minuten, während ihr Schein pulsierte und die Farbe von orange über rosa zu rot wechselte und dann wieder zurück. Dann stieg sie auf und begann zu verschwinden – und dematerialisierte sich.

In diesem Augenblick hörte ich ein schwaches Klopfgeräusch in Richtung der Eingangsplattform an der Tür. Wie magisch erschien ein zwei Fuß hoher leuchtender Würfel aus dem Nichts und begann sich direkt vor meinen Augen völlig zu verfestigen. Offensichtlich hatte die Plattform noch den zweiten Zweck, als Transportgerät zu dienen*. Ich ging hinüber zu dem leuchtenden Würfel: Es war eine nahtlos verschweißte halbtransparente Seekiste, die einige zusammengefaltete Kleidungsstücke und anderes Gerät enthielt. Wofür sind diese Kleidungsstücke? Und kam dies von dem anderen Diskus? Das hätte ich gern gewußt.

Inzwischen bewegten wir uns weiter und nahmen den zuvor von dem anderen Schiff eingenommenen Platz über dem Kernkraftwerk ein. Die Mittelsäule meines Raumschiffes begann in einem Aufwärtsstrom aufzuleuchten, und die Deckenspirale begann gleicherweise zu glühen. Offensichtlich tankten wir uns mit Energie auf, die aus dem abgeschirmten Kernkraftwerk kam.

Nach dem Aufladevorgang flogen wir über den Ontario-See, mit guter Sicht auf die entfernten Lichter Torontos. Dann begannen wir zu schweben. Ich war erstaunt zu sehen, wie sich der Schiffscontainer aufzulösen begann und seinen Inhalt auf die Plattform ergoß: eine sehr geschickte Art, Ware auszupacken! Ich ging hinüber, hob die sehr leichten Gegenstände hoch und prüfte sie Stück für Stück. Sie sahen aus wie ein Raumanzug für menschlichen Gebrauch – wahrscheinlich für mich selbst gedacht. Da war ein durchsichtiger Helm, ein Gürtel mit Schnalle, ein Paar kurze Stiefel, ebenso ein paar anliegender, elastischer Hosen und eine Jacken-Bluse mit hohem Kragen, gefertigt aus dehnbarem, silberfarbenem Material. Von außen fühlte es sich schuppig und metallisch an, innen jedoch warm und anschmiegsam.

* Teleportationsgerät; siehe auch bei Bob Renaud Bd. I – III.

Die Ausstattung war offensichtlich dazu bestimmt, daß ich sie tragen sollte. Ich vermutete, daß dies auch ein Anzeichen dafür war, daß wir diesmal eine Reise in den wirklichen Weltraum oder vielleicht sogar in eine andere Dimension machten. Ich nahm die ganze Ausstattung in das Toilettenabteil, wo ich sie anlegte, nachdem ich meine Kleidung abgelegt hatte. Dann schaute ich nach einem Platz, an dem ich meine Kleidung aufbewahren konnte. Auf einen Impuls hin plazierte ich sie schön zusammengelegt auf den Boden der Plattform. Mit großer Faszination sah ich einen Plastikbehälter sich um die Gegenstände herum materialisieren, der sie völlig umgab. Dann machte es 'pop' und das Paket war verschwunden!

Mein Raumanzug paßte mir perfekt, einschließlich der lustigen stahlgrauen Stiefel. Selbst der Helm war ausreichend bequem, dank seines geringen Gewichts. Ich fühlte mich ganz herrlich und stolzierte herum wie auf einer Modenschau. Auch fühlte ich eine beachtliche Veränderung meines bisherigen Zustandes: Ich begann, mich erstaunlich kräftig, vibrierend, leicht, glücklich zu fühlen, und mein Denkvermögen war äußerst klar und scharf. Eine hinreißende Verwandlung! Ich vermutete, daß dies alles aufgrund einer Woge beachtlicher Energie beruhte, die sich von meinem Solarplexus über den ganzen Körper ergoß. Dies mußte von dem Gürtel, der um mein Zwerchfell lag, kommen, vor allem von der Schnalle. Eine andere Art von Energie, von etwas subtilerem Charakter, strahlte aus dem Helm aus, über der Gegend der Stirn. Sie machte meinen Kopf kühl und klar.

Ich war davon überzeugt, daß der Gürtel und der Helm dazu geschaffen waren, meine mentalen und physischen Kräfte zu verstärken, ebenso wie mein Besuch in Tibet mit ein wichtiger Teil dieser allgemein verstärkenden Prozedur war. Wahrscheinlich wurde auch die chemische

Struktur meines Körpers entsprechend angepaßt. Deshalb mußte also eine interdimensionale Reise unmittelbar bevorstehen. Der Gürtel-Verstärker hatte meine Molekularstruktur für den körperlichen Übertritt zu verändern, während der Helm die Aufgabe hatte, meine Wahrnehmungs- und Denkfähigkeit sowie meine Fassungskraft auf eine höhere Stufe zu erheben.

Nachdem ich dieses Verstärkergerät trug, 'sah' und verstand ich schon manches viel besser als zuvor. Alles, was ich anschaute, schien lebendiger, reicher an Einzelheiten und Färbung, wie ich es zuvor nie bemerkt hatte. Dies machte sich besonders bemerkbar, wenn ich in die 'Kugel' blickte. Plötzlich konnte ich mit einem Blick eine umfassende Kombination ihrer farbigen Lichtmuster erfassen und 'wußte' intuitiv, was sie symbolisch darstellten. Manche Markierungen hatten nur eine geographische oder räumliche Beziehung, die gleichzeitig erkannt werden mußten mit anderen Gruppen von Markierungen, die gewissermaßen als Zielsignale für die Navigation fungierten. Diese 'Zielsignale' waren reine Kraftquellen verschiedener Art und Größe. Manche zeigten psychische Austrahlungen, wie zum Beispiel purpurfarbene für esoterische Zentren, wie es das tibetanische Kloster war, schmutziges Rotbraun für Feindseligkeit des Mittleren Ostens, lebhaftes Gelblich-grün eines bestimmten Ortes in Peru. Dann gab es Farbmischungen großer Bevölkerunszentren, zum Beispiel ein mattgrüner Nebel von Hospitalbereichen, ein pastellblauer Nebel von Kirchen, ein leicht gelber Nebel von Universitäten. Natürlich hatten diese Grundtöne variierende Muster und Stärken*.

All dies entdeckte ich in verhältnismäßig kurzer Zeit, indem ich Vergleiche zog zwischen den Orten der letzten Reise und den vergrößerten Einzelheiten charakteristi-

* Vergleiche: Leo, „Wissenschaftler des Uranus testen Erdvölker". Ventla-Verlag. D. H.

scher Plätze in Toronto. Obwohl die geographische Anzeige nur skizzenhaft war, war ich doch vertraut genug mit den wichtigsten Örtlichkeiten Torontos, wie das Universitätsgelände mit dem nahen Krankenhauskomplex oder dem umgrenzten Bereich der Kirchen.

Mit Hilfe des Helmes konnten wesentlich schneller Schlußfolgerungen gezogen werden. Zum Teil konnten es auch inspirierte Ansichten sein, nachdem was ich wußte – oder auch direkte telepathische Übermittlungen von der Untertasse. In diesem Augenblick war es mir weniger wichtig, wie ich diese Dinge lernte, solange ich sie überhaupt lernte.

Ein schneller Gedanke kam mir in den Sinn: Wenn Örtlichkeiten charakteristische Ausstrahlungen haben, so muß dies auch für Menschen gelten. Ja überhaupt, es sind ja die Tätigkeiten der Menschen, die die 'psychischen Felder' erzeugen, die die verschiedenen Örtlichkeiten charakterisieren. Es war mir klar, daß dies stimmen mußte. Wie sonst konnte die Untertasse innerhalb einer großen Menge eine bestimmte Person entdecken und identifizieren? Sicherlich mußte sie Möglichkeiten einer solchen Art der Erkundung haben.

Ich war ganz sicher, daß die 'Kugel' das wichtigste Sensorgerät war, neben den Funktionen als ausführendes Organ für Entscheidungen und Anzeigegerät vielfältigster Umweltfaktoren. Aber diese unsichtbaren Dinge waren wahrscheinlich nur ein kleiner Bruchteil des umfassenden internen Wissens. Diese Anzeigen dienten sicher vor allem Passagieren oder einem lebenden Piloten, die sie zu lesen verstanden. Ich hatte aber auch das Gefühl, daß es möglich sein müsse, am Gesamtwissen dieser fliegenden Scheibe teilzuhaben, wenn man es nur herausfand, wie.

Nun wußte ich auch, wo all dieses Wissen gespeichert war, wo sich das 'Gehirn' befand. Die zwei Tafeln, die ich früher für Instrumente gehalten hatte, waren in Wirklichkeit die beiden 'Gehirnlappen' des Flugschiffes – oder irgendwelche Computerspeicher zum gleichen Zweck.

Ich war sehr erstaunt über die Leichtigkeit, mit der meine geistigen Funktionen auf verschiedenen Ebenen gleichzeitig arbeiteten. Aus Neugierde multiplizierte ich eine beliebige vierstellige Zahl im Kopf mit einer anderen vierstelligen Zahl. Es ging reibungslos, ja ich sah sogar in Gedanken alle Zwischenergebnisse und das Resultat. Als nächstes versuchte ich mir längst vergessene logarithmische Werte und mathematische Formeln ins Gedächtnis zurückzurufen, was eine Flut korrekter und kristallklarer Antworten nach sich zog. Mein Erinnerungsvermögen funktionierte fantastisch, da war kein Zweifel.

Gern hätte ich gewußt, was sich bei mir ohne mein Wissen sonst noch verändert oder verbessert hatte. Vielleicht viel mehr, als ich mir vorstellen und mir ohne Hilfe klar machen konnte. Ich fühlte mich aber sicher darin, daß ich zu gegebener Zeit darüber noch manches herausfinden würde; denn, soweit es die Untertasse betraf, mußte es ja einen guten Grund für mich geben, hier zu sein. Im Moment war ich zufrieden und wartete nun, was weiter geschehen würde. So etwas wie eine Reise in eine andere Dimension...

In diesem Augenblick begannen die Lichter Torontos langsam zu verschwinden. Kurz fühlte ich dann ein prikkelndes Gefühl, von vielen Teilen meines Körpers ausgehend. Beim Blick auf meine bloßen Hände schwankte mein Gesichtsfeld ein bißchen: In dem Augenblick schien es, als könne ich durch meine Hände hindurchsehen wie auf einem Röntgenschirm. Dann sahen meine Hände wieder fest aus – aber Toronto war völlig verschwunden!

In der Tat, die gesamte Landmasse samt dem Ontario-See war verschwunden, und wir waren im tiefen Weltraum! Wir schwebten irgendwo weit draußen, 'nahe' einem unglaublich dichten Sternen-Feld im unbekannten Raum.

Beim Blick durch eine andere Luke sah ich ein entferntes atemberaubend eindrucksvolles Nebelgebilde. Es konnte darüber keinen Zweifel geben: Ich war wirklich und wahrhaftig in einer anderen Dimension. Der Planet Erde und der vertraute Sternenhimmel hörten für mich auf zu existieren.

Ich blickte im Raumschiff umher. Grundsätzlich hatte sich nichts verändert, ausgenommen, daß alles erstaunlich vibrierender und farbenreicher wirkte. Das mußte die Wirkung der höheren Schwingungsfrequenz auf die Sinne sein. Doch alles hier war vollkommen solide, einschließlich ich selbst. Ich schaute in die Kugel, als könne sie mir weitere Hinweise geben. Das war nicht der Fall, und doch entdeckte ich etwas Interessantes. Während die weißen Lichtpunkte die Planeten unseres Sonnensystems darstellten, entdeckte ich eine weitere Gruppe schwach markierter 'Planeten'. Sie sahen aus wie Seifenblasen aus Licht, selbst in der Vergrößerung. Für jeden Planeten unseres Systems einschließlich der Erde gab es ein Gegenstück auf der anderen Seite der Sonne. Was bedeuteten diese seifenblasenartigen Markierungen? Etwa ätherische Duplikate eines jeden unserer Planeten in der anderen Dimension?

Tatsache war, daß wir uns in der Dimension befanden, die durch creme-gelbe Markierungen in der Kugel dargestellt wurde. Das konnte leicht aus der Position der Erde im Verhältnis zu dem Nebelgebilde geschlossen werden, das dem dichten Sternen-Feld dieser anderen Dimension gegenüberlag.

Nach ein bis zwei Minuten wurden die Lichter Torontos wieder sichtbar. Wir glitten zurück in unsere normale Dimension. Diesmal hörte der fremde Weltraum 'zu existieren auf'. So also unterzog ich mich meinem ersten interdimensionalen Transit, ohne daß wir uns tatsächlich irgendwohin begeben hätten. Denn wir schwebten immer noch am gleichen Platz wie zuvor. Außer meiner Freude und einer gewissen Desorientiertheit bemerkte ich keine wesentliche Veränderung an mir selbst.

Nun nahmen wir den Flug im Bereich unserer gewohnten Dimension wieder auf, von Toronto weg. Der Anzeige in der 'Kugel' nach zu schließen, ging es in Richtung des Atlantischen Ozeans in das Gebiet der Bahamas. Waren wir auf einen versunkenen Schatz aus, oder nach dem verlorenen Atlantis selbst? Oder hatte dieser Flug vielleicht etwas zu tun mit einem sogenannten 'Kosmischen Fenster' im Bermuda-Dreieck?

Als wir die Küste hinter uns ließen, ging die Untertasse herunter und flog ein paar tausend Fuß über der Wasseroberfläche. Es war die Stunde, kurz bevor die Dämmerung kam: Nicht zu dunkel, aber auch nicht hell genug, um irgendwelche Einzelheiten in den grauen Nebelfetzen zu erkennen, durch die wir flogen.

Ganz plötzlich änderte sich alles auf dramatische Weise. Der Himmel über uns begann seltsam zu glühen, wie eine riesige orangefarbene Spirale. Eine Sekunde später waren wir wie aufgesaugt davon, von einem Wirbel orangeblauen Nebels, der uns einhüllte. Der Wirbel war wie ein Alptraum, mit bleichen Schatten nach uns greifend und mit halbformierten Erscheinungen ungeschlachter Dinge. Das alles bot den beängstigenden Eindruck einer Unterwelt, wobei sich alles zu schnell veränderte, so daß nichts Genaues unterschieden werden konnte.

Dann, nach, wie mir schien, einigen Minuten stießen wir in den sternenübersäten tiefschwarzen Weltraum. Tief unten zeigte sich die Erde in voller Sicht. Ich würde sagen, sicher einige tausend Meilen entfernt. Das Lichtschiff muß mit erschreckender Geschwindigkeit durch das Gebiet dieses geisterhaften Wirbels geflogen sein, nachdem es in so kurzer Zeit eine so große Distanz hinter sich gebracht hatte. Oder wurden wir durch ein 'kosmisches Fenster' einfach hochgesaugt, von irgendeiner geheimnisvollen Kraft?

Auf der Nachtseite der Erde gab es nichts als Dunkelheit. Nur eine schmale Sichel entlang des gekrümmten Horizonts begann heller zu werden, vermutlich infolge des Sonnenaufgangs. Der Weltraum dahinter war samtschwarz, die Sterne von außerordentlicher Leuchtkraft und fast in Reichweite. Ein überaus herrlicher Anblick, ein wahrhaft dramatischer Augenblick für mich: Das erste Mal sah ich die Erde so, und ich befand mich persönlich im Weltraum, in der mir gewohnten Dimension!

Beim Blick durch eine andere Luke sah ich ein völlig neues Objekt, das ungefähr eine viertel Meile von uns entfernt schwebte. Es war eine phantastische Scheibe in der Größe eines Jumbo-Jet, die vermutlich auf uns wartete! Ihr Duchmesser betrug mindestens hundert Fuß, die Höhe vierzig, diskusförmig, mit einer riesigen Kuppel an der Spitze, mit einer Myriade vielfältiger Lichtpunkte, die durch ihre durchsichtige Hülle drangen. Das mußte eine Art Trägerschiff oder Mutterschiff sein, dachte ich.

Die Ansicht der Erde unterzog sich jetzt einer stufenweisen dramatischen Veränderung: Sie entschwand fast ganz, desgleichen das Trägerschiff; beide waren aber doch in durchscheinender Form immer noch vorhanden – fast wie ein Phantom. Offensichtlich befanden wir uns in einem Zwischenstadium zwischen zwei Dimensionen.

Doch ich und das Raumschiff um mich herum waren vollkommen fest. Und so war es mit einem anderen großen Planeten, der voll in Sicht kam in seinem strahlenden blau-grünen Schimmer, im Licht einer blendenden fremden Sonne. Diese neue Zwischendimension, die sich zwischen den beiden ursprünglichen Dimensionen zeigte, war für mich eine weitere große Überraschung. In der Zwischenzeit driftete mein Diskus langsam in Richtung des Trägerschiffs. Tatsächlich gingen wir durch Wände hindurch. Wirklich, wir durchdrangen seine feste Wand und hielten dann an. Hierauf verfestigte sich alles schrittweise um uns herum: Offenbar glitten wir nun voll in die irdische Dimension zurück, innerhalb des großen Diskus, der uns nun umschlossen hielt.

Wir waren jetzt vollständig in diesem Mutterschiff in einem halbkreisförmigen Hangar. Offensichtlich war dies der 'Heimathafen' meiner Untertasse. Ein Liegeplatz entlang sechs weiterer identischen, die rund um die Basis der gigantischen Kuppel angeordnet waren. Gerade bevor wir die Phantomwand durchstießen, glückte mir ein Blick auf diese ringförmige Anordnung und ich konnte auch sehen, daß fünf Liegeplätze bereits von weiteren Flugobjekten besetzt waren.

Nun öffnete meine Untertasse die Tür: Sehr wahrscheinlich sind wir hier angekommen, um eine Zeitlang zu bleiben. Ich trat heraus auf eine dunkle, glatte, solide Rampe. Die Wände waren hier perlgrau, nahtlos und ohne irgendwelche Markierungen und strahlten ein gleichmäßiges schwaches Licht aus. Eine bisher unsichtbare Tür öffnete sich in der Wand, eine Luftschleuse freigebend. Ich trat ein. Die Tür hinter mir schloß sich; zu meiner Linken ging eine andere auf, die ich durchschritt, und die in eine zusammenhängende Suite mit einem großartigen Blick nach draußen führte. Obwohl Boden und Wände aus dem gleichen Material wie das des Ankunftsraumes bestanden, war hier die gegenüberliegende Wand ein vom Boden bis zur Decke reichendes schräges 'Glas'-Fenster. Offensichtlich war dieses Fenster ein integrierter Bestandteil der Hülle des Mutterschiffes. Es sah leicht gelbgrau getönt aus und fühlte sich beim Berühren mit den Fingern wie Plexiglas an.

Ich fühlte mich wie auf der Aussichtsterrasse eines Wolkenkratzers. Der Blick war wirklich herrlich: Geheimnisvoller tiefer Weltraum, mit der Erde und den Sternen im Gesichtsfeld. Einige Augenblicke stand ich hier zutiefst bewegt und nahm alles in mich auf.

Einige hundert Yards vom Trägerschiff entfernt begann ein Teil des Raumes zu schimmern: Allmählich materialisierte sich ein anderer Diskus. Dann verschwand er fast völlig, bis nur noch eine phantom-ähnliche Erscheinung verblieb, die in unsere Richtung driftete. Zweifellos drang er jetzt in gleicher Weise wie wir zuvor durch die Hülle des Trägerschiffs. Mit der Ankunft dieser neuen Untertasse waren alle Liegeplätze besetzt.

Die ganze Szene verblaßte nun und machte Platz für den Blick in den tiefen Weltraum mit seinem eindrucksvollen Nebelgebilde und dem üppigen Sternenfeld der anderen Dimension.

Offensichtlich führten wir einen vollen 'Transit' durch. Und in der Tat bewegte sich unser Schiff jetzt auch, denn diese anderen Sterne schwanden dahin. Ja, wir waren einwandfrei unterwegs, irgendwohin in diesem 'fremden' Weltraum.

7. Kapitel

Reise im Kosmos

Nun schaute ich mir meine 'Suite' in dem Trägerschiff an. Es war ein sechseckiger Raum, ungefähr zwölf Fuß im Durchmesser, mit schrägen Wänden, die eine ungefähr fünfzehn Fuß hohe Pyramide bildeten. Ein rundes Möbelstück befand sich inmitten dieses pyramidenförmigen Raumes: Es erwies sich als eine Art Luftbett. Auf einer Seite befand sich eine undurchsichtige Plastiktafel von der Größe eines Baumstamms, an der anderen Wand eine Art grotesker Glasskulptur. Gern hätte ich gewußt, ob diese Dinge für irgendeinen praktischen Gebrauch bestimmt waren, oder dienten sie nur zur Zierde?

Die beiden übrigen Wände des sechseckigen Raumes, die das Fenster flankierten, waren in Wirklichkeit verborgene Schiebetüren, ähnlich denen in der Untertasse. Dahinter war eine kleine Küche und ein Waschraum, beide dreieckig im Grundriß.

Bei einem erneuten Ausblick durch das Fenster hatte sich das Bild des Weltraums beachtlich verändert. Dieser Sektor war verhältnismäßig sternenarm, abgesehen von ein paar einzelnen Sternen, die besonders deutlich zu sehen waren. Nur eine ganz gewaltige Geschwindigkeit konnte verantwortlich sein für diese starke Veränderung in der kurzen Zeit. Oder zeigte mein Fenster vielleicht nur einen anderen Teil des Weltraums?

Ich setzte mich auf die Bettkante und betrachtete mindestens ein oder zwei Stunden fasziniert den Weltraum. Indem ich meinen Blick auf einen besonders hellen Stern am linken unteren Rand des Fensters heftete, stellte ich fest, daß wir in Wirklichkeit 'fielen'. Ob nach oben oder nach unten, bedeutete im Weltraum ja nichts, aber für meine persönlichen Empfindungen war es doch ein Unterschied. Nun, es schien, als würden wir 'Fuß voraus' fliegen.

Befriedigt vom Anblick des Sternenhimmels stand ich auf und streckte mich ein wenig. Abgesehen von dem Fenster hatte das Übrige meiner 'Suite' rein funktionale Bedeutung. Nichts sonst erregte meine Aufmerksamkeit. Gern hätte ich gewußt, wie es in den anderen Teilen des Schiffs aussah und ob es für mich einen Weg gäbe, dies herauszubekommen. Nun, versuchen könnte man es ja immerhin, dachte ich, und trat an die Wand, welche die Türe zur Schleuse verbarg.

Indem ich die Tür mit beiden Händen berührte, schaffte ich es: Die Tür glitt zur Seite. Ich trat in die Schleuse hinaus, und eine andere Tür mir gegenüber öffnete sich. Ich trat ein – und fand mich in einer seltsamen, völlig anderen Welt!

Ich war im tropischen Dschungel eines Gewächshauses. Oder besser gesagt, in einem von einer Kuppel gekrönten Felsengarten von zwanzig Meter Durchmesser. Die unebenen, zwanzig Fuß hohen Felswände reichten rings bis zum Rand der Kuppel. Ein spiralförmiger Weg führte hinauf bis zum Rand, vorbei an zackigen Felsformationen und einer Überfülle exotischer Pflanzen. Am Fuß der Felswand gab es eine Menge Grünpflanzen, außerdem einen Rundweg aus rotem Sand und grünem Torf, vorbei an gelegentlichen Bänken oder abstrakten Skulpturen.

Ziemlich innerhalb des Rundwegs umringten sieben Steinportale, an Stonehenge erinnernd, den Mittelpunkt des Kuppelraums. Im eigentlichen Mittelpunkt entsprang ein senkrechter Strahl ähnlich einem Springbrunnen dem Boden und reichte bis an die vierzig Fuß hohe Spitze der Kuppel.

Bei näherer Prüfung erwies sich der 'Springbrunnen' als die sieben Fuß dicke Mittelsäule, die eine riesige Kugel barg, die mitten zwischen Boden und Decke schwebte, fast wie die in der Untertasse. Die Basis der Mittelsäule traf auf die Bodenluke, die sich innerhalb einer amphitheatralisch von drei Stufen umgebenen Rundung befand.

Der ganze Garten war ein angenehmes Durcheinander von Pflanzen, Blumen, Felsen, Sträuchern und Wegen. Er erinnerte teils an einen japanischen Felsengarten, teils an eine alte Dschungel-Kultur. Schwere Düfte hingen in der Luft und zarte Lichtmuster machten aus allem ein Phantasiereich. Jede Skulptur, jedes Portal und jede Bank strömten in ihrer Art verschiedene Vibrationen aus und weckten zahllose Stimmungen und Träumereien. Ich merkte das, als ich nahe bei diesen Objekten stehen blieb. Es mußte eine wirkliche Kunst sein, alle diese ästhetischen Anregungen in vollem Umfang zu nutzen.

Ganz offensichtlich war dies der Erholungsplatz für die Ufonauten oder ihre Gäste. Eine wirklich geniale Einrichtung, und bei langen Raumreisen absolut unentbehrlich. Aber wo waren die anderen Besucher, Ufonauten oder wer auch immer? Ich war die ganze Zeit über allein in diesem Felsengarten. War etwa außer mir überhaupt niemand an Bord? Oder sollte ich, aus welchen Gründen auch immer, mit niemand anderem zusammentreffen? Nun, in jedem Fall war der Garten wunderbar geeignet, um Luft zu schöpfen, um auszuruhen, um zu träumen und sich körperlich fit zu halten. Einige der abstrakten Steinskulpturen konnten sogar zum Klettern und Turnen genutzt werden.

Ich hatte auch die Vermutung, daß die Steinportale noch eine zweite Funktion als 'Hirnteile' oder getarnte Computer ausübten. Die der Mittelsäule zugewandten Oberflächen flackerten und glitzerten mit Myriaden kleiner Lichtfünkchen – und erinnerten damit stark an die zwei mir recht genau bekannten Instrumententafeln in der Untertasse. Aber hier endete auch schon die Ähnlichkeit, denn von dem, was sich in der Kugel und den Portalen abspielte, konnte ich nicht das Allergeringste entziffern. Auch war kein Energieumwandler oder -speicher sichtbar. Wahrscheinlich waren diese innerhalb der Struktur des Schiffes verborgen.

Ich ging ein paarmal herum, schlenderte den Spiralweg hinauf zum Rand der Kuppel und betrachtete von dort das ehrfurchtgebietende Panorama des Weltraums. Ich war gerade im Begriff, unten im Garten einige Dinge noch näher zu untersuchen, als die Beleuchtung im Kuppelraum fast völlig erlosch. Energieausfall? vermutete ich schwach. Aber kaum, denn ein Durchgang, der zu einer 'Gast-Suite' führte, war hell erleuchtet.

Dann war mir klar, was das schwächer werdende Licht und der hell erleuchtete Durchgang bedeuteten: Man bat mich höflich zu gehen und in meinen Pyramidenraum zurückzukehren. Vielleicht wollten Andere nun den Garten für sich benutzen und meine Zeit war um, bis ich später wieder an die Reihe käme. Seltsam genug, außer meinem sah ich keinen anderen Durchgang. Waren sie etwa nahtlos in die Oberfläche der Felsenwand eingefügt?

Auf jeden Fall ging ich in meine Suite zurück, und die Tür hinter mir schloß sich unmittelbar darauf. Das schien mir vollends zu bestätigen, daß die mir zugestandene Zeit vorüber war. Meine Schlußfolgerungen oder meine Intuition waren also richtig. Oder war es mehr telepathische Suggestion, daß ich die Aufforderung begriff? Ja, vielleicht war sogar der Beginn meiner Erkundung des Kuppelraums telepathisch suggeriert.

107

Nun, ich konnte jetzt, glaube ich, sagen, der Tag ist gelaufen. In Toronto mußte es mindestens fünf Uhr früh sein, also mehr als höchste Zeit, um sich schlafen zu legen. Und ich war jetzt auch wirklich müde und erschöpft. Geistesabwesend nahm ich meinen Helm ab, und einen Augenblick fühlte ich mich in Panik versetzt. Aber es passierte nichts Nachteiliges, nur daß sich mein Kopf ziemlich schwer anfühlte. Doch das konnte einem guten Schlaf nur dienlich sein. Wegen des Gürtels zögerte ich etwas und entschied mich dann, ihn lieber anzubehalten. Auf diesem 'Luftbett', oder was immer es war, würde er mich auch gar nicht behindern.

So streckte ich mich also aus und schlief ein, inmitten des pyramidenförmigen Raumes meiner Suite und bei angenehmer Temperatur.

Nach dem Erwachen fühlte ich mich überraschenderweise zufrieden und bei bester Laune, was umso bemerkenswerter ist, da ich normalerweise ein richtiger Morgenmuffel bin. Irgendwie gab mir dieser Raum das Gefühl völliger Geborgenheit, ähnlich wie man sich in der häuslichen Wärme nach einem kalten Tag im Freien wohlfühlt. Ich hatte das Gefühl, als hätte die Pyramidenform etwas mit dieser angenehmen Wirkung zu tun.

Nach dem 'Waschen' in dem wasserlosen Bad genoß ich in der Kochnische einige farbige Würfel zum Frühstück. Kochnische und Waschraum waren beide kleiner als in der Untertasse, jedoch völlig ausreichend. In der Tat paßten sie zu einem Lebewesen von der Größe eines Grizzlybären ebenso wie der eines Seelöwen, und ich hatte das Empfinden, daß dieses Transportschiff allen möglichen Wesen diente, nicht nur Erdenmenschen. Die Gegenstände waren entweder zu tief oder zu groß, um ausschließlich menschlichem Gebrauch zu dienen, aber irgendwie paßte alles jedem Lebewesen von knapp unter ein bis etwas über zwei Meter Größe. Was im übrigen die Bequemlichkeit anbetrifft, so bemerkte ich, daß sich niemand darum bemüht hatte, Rasiergerät, Zahnbürste oder andere kleine Annehmlichkeiten bereitzustellen. Aber vielleicht gab es Dinge, die hierzu dienen konnten, wenn ich nur gewußt hätte, wie sie zu benutzen wären. Ich hatte überhaupt den Eindruck, nur einen Bruchteil der gebotenen Möglichkeiten nutzen zu können, einfach aufgrund meiner Unwissenheit.

Ich wunderte mich auch über das völlige Fehlen jeglicher Bedienungsknöpfe wie Temperaturregler, Ventilation, Steuerung und Energieregelung, um nur einiges zu erwähnen. Alles funktionierte so reibungslos und alles wirkte so natürlich auf mich, daß es mir schon fast verdächtig erschien. Dieses Trägerschiff war sicher nicht nur eine große Flugmaschine, sondern eher etwas wie ein fliegender Walfisch. Es gab keinen Lärm, keine Stöße, keine plötzlichen Beschleunigungen oder schwindelerregende Flugmanöver. Stets waren Schwerkraft und Atemluft in Ordnung. Und all dieser Komfort, während wir in wahnsinnigem Tempo weite Strecken im Weltraum durchrasten!

Denn daß unsere Geschwindigkeit ehrfurchterheischend war, davon war ich überzeugt. Beim Blick durch das Fenster sah alles anders aus als es 'die Nacht zuvor' der Fall war. Der Raum war nun in viel stärkerem Maß von Ansammlungen von Sternen ringsum erfüllt, in der 'Nähe' wie in der Ferne. Offensichtlich kamen wir von einem verhältnismäßig 'leeren' Gebiet innerhalb eines halben Tages in diesen von Sternen dicht besetzten Sektor. Und das war ja die völlige Unmöglichkeit: Selbst das Licht hätte viele, viele Jahre benötigt, um solche fantastischen Entfernungen zurückzulegen. Unsere Geschwindigkeit mußte deshalb mehrtausendfach über der des Lichts gelegen haben, was natürlich lächerlich war. Entweder waren die Sternensysteme in dieser Dimensionierung gar nicht Lichtjahre voneinander entfernt, oder ich mußte die ganze Situation in irgendeiner Weise völlig falsch beurteilt haben. Und doch hatte ich den Verdacht, daß wir viel, viel schneller waren als das Licht!

Rätsel über Rätsel, murmelte ich vor mich hin, als ich da auf der Bettkante saß. Nicht die leiseste Hoffnung für mich, den Prozeß dieses unglaublichen 'Sternenritts' zu begreifen. Ich konnte ja nicht einmal viel einfachere Dinge begreifen, wie die nahtlosen Konstruktionen ohne Bolzen und Schrauben, oder eine andere 'einfache' Sache, wie den Wechsel von einer Dimension hinüber in eine andere.

Zeit etwas frische Luft zu schöpfen und einen Morgenspaziergang zu machen, entschied ich, und stand auf von meinem Luftbett. Ich drückte meine beiden Handflächen auf die Wand, in der die Türe verborgen sein mußte, und 'presto', öffnete sie sich. Das bedeutete sicher, daß ich 'ausgehen' durfte; – kein Problem. Gern hätte ich nun wieder gewußt, war die Wahl des Zeitpunkts ein glücklicher Zufall, oder wurde er telepathisch in meinem Bewußtsein ausgelöst? Allerdings, wenn außer mir niemand an Bord gewesen sein sollte, hätte der Garten auch nicht eigens mir zuliebe freigemacht zu werden brauchen. Aber irgendwie zweifelte ich an dieser Möglichkeit. Ich hatte das starke Gefühl, daß alle Untertassen mit Besuchern hier ankamen. Und zudem wäre es ja auch lächerlich, einzig und allein wegen einer Person diesen Flug der Untertasse durchzuführen.

Der Felsengarten lag im Nebel und war voller Tau, wie an einem frühen Morgen. Vielleicht gingen auch die Sensoren einfach nur auf mich ein, da ich mich fühlte wie an einem frühen Morgen, oder was immer. Nun, der Garten eignete sich ausgezeichnet zum Joggen und Felsen-Klettern, was ich auch mit großer Begeisterung tat. Zu meiner großen Überraschung hatten manche Steinskulpturen sogar die Gestalt geändert, um besser solchen körperlichen Übungen dienen zu können.

Dann, als ich mich etwas ausgearbeitet hatte, begann ich, die Dinge mehr ins Einzelne gehend zu überprüfen. Etwas wirklich Neues fand ich allerdings nicht, aber sicher hatte ich jetzt genügend Zeit, um es wenigstens zu versuchen. So nahm ich mir zum Beispiel das meiner Tür nächstgelegene Portal vor, unter das ich mich für eine Weile setzte. Ich fand seine speziellen Schwingungen sehr anregend für meinen Intellekt. Es war mir, als ob ich wechselseitig in einem Buchladen schmökerte, dann wieder einem philosophischen Vortrag beiwohnte oder eine Besichtigungsfahrt unternahm.

Ich richtete mich gerade auf: War dieses Portal etwa so hergerichtet, daß es zu meinem besonderen Geschmack paßte, oder wurde ich für diese Fahrt deshalb ausgewählt, weil meine Schwingungen genau dem Muster des Portals entsprachen? Eine interessante Betrachtungsweise. Sicher hatten die anderen Portale völlig verschiedene Schwingungsmuster. Nun, es brachte nichts, darüber zu spekulieren. Irgendwie fühlte ich mich dazu auch gar nicht mehr imstande. Und dann merkte ich, welchen Unterschied in meinen geistigen Funktionen das Fehlen des Helms bewirkte. Ich wurde allmählich richtig träge, und nicht nur im Denken, sondern auch allgemein in meiner ganzen körperlichen Verfassung. Ich stellte fest, daß ich es vergaß, nach der 'Dusche' meinen Verstärker-Gürtel wieder anzulegen. Es schien, als würde der Verstärker-Effekt nach einiger Zeit nachlassen, und ich fiel allmählich auf meine normale Schwingungsrate zurück, und das konnte mir vielleicht Ärger bringen, wenn es noch länger dauerte. Dieser Gedanke wirkte auf mich ein wenig unbehaglich, und so ging ich, um meinen Verstärker aus meiner Suite zu holen.

Wiederum quälte mich der Gedanke, ob die Idee von mir kam oder 'eingepflanzt' wurde. Ich konnte es nicht sagen, hatte aber doch die Vermutung, daß telepathische 'Erinnerungen' bloß in einer subtileren unentdeckbaren Weise kamen. Nichtsdestoweniger ging ich zurück in meine Suite, um die Verstärker wieder anzulegen. Und, oh Mann, was war das für ein Unterschied, schon von der ersten Minute an!

Irgendwie war mir, als sollte ich nicht mehr in den Garten gehen. Ich saß nur da und betrachtete die Sternbilder, und da begann ein vager Gedanke in mir undeutlich Form anzunehmen. Er hatte wohl etwas mit Entfernungen und Geschwindigkeiten zu tun. Dann hatte ich es erfaßt: Wahrscheinlich gingen wir durch verschiedene Raum-'Sprünge' hindurch, indem wir dabei Raum- und Zeitverwerfungen benutzten. Ein bildlicher Vergleich kam mir in den Sinn: Eine Ameise konnte die Länge eines aufgespulten Drahtes in Sekundenschnelle überwinden, doch wenn der Draht abgewickelt und ausgelegt war, würde sie vielleicht einen ganzen Tag brauchen, um vom einen zum anderen Drahtende zu gelangen.

Allmählich war ich neugierig darauf, wie weit es wohl noch bis zu unserem Bestimmungsort sein mochte, und wie lange wir dazu noch bräuchten. Nicht daß ich es eilig gehabt hätte, denn diese fantastische Reise war ein solch außergewöhnliches Erlebnis, daß es mir nichts ausgemacht hätte, selbst wenn sie noch Monate dauern würde. Psychologisch gesehen würde es natürlich schon schwer sein, eine so lange Reise allein mit den zur Verfügung stehenden Erholungsmöglichkeiten durchzustehen. Wenn ich wenigstens Gesellschaft hätte, oder irgend etwas zu arbeiten, so wie die Astronauten während ihrer Flüge, wenigstens Fernsehen oder auch Bücher.

Aber vielleicht standen all diese Dinge aus wohlüberlegten Gründen nicht zur Verfügung, damit ich lernen konnte, meine Zeit auf konstruktive Weise zu verbringen, ohne auf Zerstreuungen angewiesen zu sein. Möglicherweise sollte ich lernen, einige Gedankenspiele zu machen, oder zur Abwechslung einmal mit mir selbst vertrauter werden. Bestimmt hatte dieser Gedanke etwas für sich...

Ich hatte Hunger. Vielleicht war jetzt Essenszeit. Da ich keine Uhr hatte, konnte ich nicht sagen, welche Zeit es war, aber mein Magen konnte es. Nach einem ausreichenden Mahl wurde ich ein bißchen müde, und so legte ich mich hin, um ein Nickerchen zu machen.

Als ich mich wieder erhob, hatte ich Lust auf einen Spaziergang. Zu meiner Überraschung öffnete sich die Tür auf meine Berührung hin, und ich konnte ungehindert in den Garten gehen. Dieses Mal versäumte ich nicht, meine 'Verstärker' zu tragen. Draußen waren Stimmung und Beleuchtung abermals verändert, es schien Nachmittag zu sein. Der hintere Teil des Felsengartens machte jetzt den Eindruck einer sehr weit entfernten Gebirgskette, was ich genoß, als ob ich im Freien wäre. Die Dinge nahmen eine verschiedene Perspektive an, was ich sehr faszinierend fand. Nach einem lebhaften Rundgang setzte ich mich unter ein Portal, das Schwingungen der heiteren Ruhe ausströmte und Bilder ländlicher Sonnenuntergänge hervorrief. Ich war sehr glücklich und froh und hätte nur gewünscht, Malgeräte zur Hand zu haben, um ein oder zwei inspirierte Bilder zu malen.

Ich hielt mich lange auf, es schienen Stunden zu sein, und genoß die wechselnden Stimmungen und Vibrationen.

Es kamen mir sogar einige inspirierte Gedanken darüber, wie ich mich weiterhin beschäftigen könnte, lediglich mit mentalen Mitteln. Denn immerhin, im Bereich des Mentalen hatte ich noch eine Menge zu lernen, und außerdem dürfte 'mentalisieren' das Gebiet sein, mit dem die Untertassen am meisten zu tun hatten...

Ich war tief in Gedanken versunken, als die Lichter im Garten nahezu völlig erloschen. Es war Zeit, in meine Suite zurückzugehen. Dort setzte ich mich auf mein Luftbett, und nachdenklich suchte ich einen Weg, der zu den mentalen Spielen führen könnte, die ich mir vorgenommen hatte. Ich wünschte, die Raumbeleuchtung wäre zu diesem Zweck etwas gedämpfter gewesen.

Und da wurde die Raumbeleuchtung zu meiner großen Überraschung schwächer. Offensichtlich entsprach sie meinem Wunsch. Ich wünschte, sie solle wieder stärker werden, nur um nachzuprüfen, ob meine Theorie richtig war. Und sie war es! Das veranlaßte mich dann, rhythmische Aus-An-Variationen durchzuspielen. Schließlich machte ich dieses Spiel nur noch mit einer einzigen Wand. Später dehnte ich die Spielerei aus, so daß verschiedenfarbige Lichtmuster entstanden, ähnlich einer psychedelischen Show.

Ich war entzückt von meinem zufällig entdeckten Spiel, und wollte nun 'Fernsehen' spielen. Indem ich die Lichtmuster auf nur noch einen Teil der schrägen Wand begrenzte, wünschte ich, sie sollte aus meinem Gedächtnis irgendwelche Bilder wiedergeben. Und es ging! Bald konnte ich Teile von Lieblingsfilmen reproduzieren, obwohl ich am Anfang auch manche Probleme mit ungenauen Einzelheiten und der Aufeinanderfolge der Bilder hatte. Aber durch Übung verbesserte ich die Sache, so daß es mir schien, als seien alle wichtigen Einzelheiten irgendwo in meinem Unterbewußtsein im Original gespeichert.

Ich wurde schließlich abgelenkt von dieser Gedankenkette, und meine Konzentration beim 'Projizieren' der Filmbilder wurde unterbrochen, so daß sich eine Unmenge anderer unwichtiger Gedankenbilder mit einmischten. Dies hatte ziemlich komische Wirkungen zur Folge, so daß ich mich entschloß, mein 'Kino' abzuschalten, so daß nur meine zufälligen Gedankenbilder in der Art einer freien Assoziation an der Wand aufblitzten und wieder verschwanden. Dies erwies sich als eine ganz seltsame Mischung: Bruchteile von Filmen, Werbefernsehspots, Lebenserinnerungen, vermischt mit beliebigen Gedankensprüngen von Telefonnummern bis zu Schlagzeilen der Zeitungen. Die Wörter und Zahlen brachten mich auf die Idee, auf der Wand 'Fernschreiben' zu spielen. Es gelang mir, auf der Wand geschriebenes Material von fast Brieflänge aufblitzen zu lassen und auch zu halten.

Alles in allem, dieses neu gefundene Spiel barg wachsende Verwicklungen in sich. Aber ebenso eine unausgesprochene Kombination von Möglichkeiten. Doch die so lange durchgeführte geistige Anstrengung hatte mich jetzt ermüdet. Der Himmel weiß, wie lange ich dieses geistige TV-Spiel betrieben habe. Ich hätte nun gerne gewußt, ob sich all diese Dinge nicht auch lediglich im eigenen Innern abspielen können, ohne sie nach außen an eine Bildwand zu projizieren. Vielleicht war es möglich, und vielleicht war diese Überlegung überhaupt die Moral dieses ganzen 'Fernsehspiels'.

Für den Moment aber hatte ich genug. Bevor ich mich zur Ruhe legte, nahm ich mir noch vor, am nächsten Tag auf die gleiche Weise einmal 'Klänge' zu erfinden.

Nun, am nächsten Tag brauchte ich eine ganze Menge Zeit dazu, um einen Klang zu erzeugen, doch schließlich gelang es mir, indem ich mir 'wünschte', daß bestimmte Teile der Wand Resonanz geben sollten. Die höchste Pyramidenspitze meines Raumes sollte dabei als Lautsprecher fungieren. Es war recht spaßig, aber ich hatte Schwierigkeiten dabei, ganze Musikstücke zu reproduzieren oder gar große Soli. Es klang meistens ziemlich mißtönend, oder es wurden hin und wieder Takte ausgelassen. Es schien mir, als sei mein musikalisches Gedächtnis und Erinnerungsvermögen unter dem Durchschnitt, und so gab es für mich keine Hoffnung, ein großer Musiker zu werden. Schade.

Als nächstes hatte ich die brillante Idee, eine Verbindung mit dem 'Gehirn' der Untertasse zu versuchen, oder wie immer man es nennen mag, und zwar mittels 'Fernschreibens'. So ließ ich auf dem Schirm in weißen Lettern die Worte aufblitzen:

„Erkennst Du meine Absicht, mit dir Verbindung aufzunehmen?"

Auf Antwort brauchte ich nicht zu warten: sofort blinkte der ganze 'Bildschirm' zweimal weiß auf. Ohne Zweifel, ich wurde verstanden.

„Würdest Du mir in Worten antworten, mittels dieses 'Fernschreibers', zum Beispiel mit dem Wort 'ja', um zu beginnen?"

Keine Antwort. Nicht einmal ein schwaches Blinken. Ich formulierte meine Fragen mehrmals in anderer Form, zog aber nur Nieten. Allem Anschein nach wünschte die fremde Intelligenz keine Verbindung auf Gegenseitigkeit, denn ich war überzeugt, sie hätte mir auf jede denkbare Weise antworten können, wenn sie nur gewollt hätte. Geduld, sagte ich immer wieder zu mir, Geduld! Irgendwann und irgendwo, wenn die Gelegenheit da ist, wird es zu einer greifbaren Verbindung, vielleicht sogar 'von Angesicht zu Angesicht' kommen.

Ich ging eine Weile in den Garten. Nach einer Jogging-Runde setzte ich mich unter ein Portal, um einige Versuche zu machen, die ich mir vorgenommen hatte. Doch meine Aufmerksamkeit wurde abgelenkt durch den unheimlichen und spektakulären Anblick, der sich mir durch die Bodenluke bot. Wir stürzten direkt in einen blendenden Spiralnebel hinein! Als ich hier gedankenverloren einige Minuten stand, gerieten wir näher und näher ins Zentrum dieses Nebelgebildes. Wir mußten auch bereits große stellare Dunstwolken oder kosmische Gase erreicht haben, die rings um uns glänzten und aufblitzten. Dann spürte ich sogar ein leichtes Zittern durch den Boden hindurch, ähnlich wie wenn man in einem Flugzeug von Windböen hin- und hergeschüttelt wird.

Die Gartenbeleuchtung erlosch fast völlig, dann blinkte sie ein paarmal. Zeit, sich 'anzuschnallen', vermutete ich. Wir mußten auf eine ungewöhnliche Situation gestoßen sein, und ich wurde aufgefordert, schnellstens in meinen 'Fuchsbau' zurückzukehren, obwohl ich noch gar nicht lang hier draußen war.

Nun, ich ging zurück und setzte mich auf das Bett. Es war draußen regelrecht stürmisch geworden. Wir tauchten nun durch bösartig aufblitzende purpurfarbene Wolken. Gelegentlich zuckten Blitze von blendender Größe auf, die das Trägerschiff merklich ins Schwanken brachten.

Was mich überraschte war dies: Ich dachte, dieses Schiff würde niemals den Elementen im Weltraum ausgeliefert sein können. Nun aber schien es, als sei etwas nicht in Ordnung und wir seien in großer Gefahr.

Mein Fenster wurde buchstäblich verdunkelt durch die gezackten Muster irgendwelcher elektrischer Entladungen. Ich hatte das Gefühl, daß wir uns inmitten eines hochgespannten elektrischen Sturmes befanden oder von irgend sonst etwas ebenso Bösem. Nach einer Weile wurden sogar die Wände meines Pyramidenraumes buchstäblich von schlangenförmigen elektrischen Entladungen überzogen. Ja, ich hörte sogar knisternde und krachende Geräusche.

Ich konnte mir nicht vorstellen, daß dies nur irgend ein Teil des Routineflugs dieses Mutterschiffs war. Ich fühlte instinktiv, oder vielleicht wurde es mir auch telepathisch eingegeben, daß es sich hier um eine außergewöhnliche Gefahr ersten Ranges handelte. Ich verstand nun auch, warum ich so rasch in diesen Raum zurückgehen mußte. Entweder war es die Pyramide direkt oder das Material, aus der sie hergestellt war, das einen wirkungsvollen Schutz bot gegen derart feindliche Einwirkung der Elemente da draußen im Weltraum. In periodischen Abständen kam aus den Wänden ein grünlicher Schein heraus, wie um zu versuchen, Schutz zu bieten. Dieser grünliche Schimmer dehnte sich aus und stieß die purpur-karminroten Entladungen hinweg, bevor er selber wieder augenblicklich zusammenfiel. Inzwischen stieg die Raumtemperatur in unerträgliche Höhen. Und außerdem nahm ich einen merkwürdigen Geruch wahr, ähnlich verbrannter Isolation.

Ich war wirklich in großer Erregung. Und dabei gab es überhaupt nichts, was ich selber hätte tun können in dieser Sache. So saß ich wohl mindestens eine Stunde da, in hilfloser Faszination.

Dann war mit einem Schlag alles vorbei. Wir befanden uns in tiefschwarzem Raum, und auf seinem Grund blinkten die Sterne in unpersönlichem Licht. Ich fühlte mich enorm erleichtert, aber auch völlig erschöpft. Als sich die Raumtemperatur allmählich wieder normalisierte, sank ich in Schlaf...

Als ich einige Zeit später erwachte, flogen wir nicht mehr. Wir schwebten nur sanft im Raum. Ein faszinierendes Schauspiel erfüllte die Hälfte meines Fensters: Ich sah ein riesiges, halbtransparentes Raumschiff. In fahles, diffuses Licht getaucht, glich dieses dicke, zigarrenförmige Schiff in etwa einem Unterseeboot mit seinen Türmen, Flanschen und Flossen. In diesem Augenblick gewahrte ich eine Untertasse, die von meinem Trägerschiff in Richtung des Raumschiffs flog, und die zu einem kleinen Fleck zusammenschrumpfte, bevor sie es erreichte. Als ich hieraus die Maßverhältnisse des zigarrenförmigen Schiffes schätzte, kam ich auf eine Länge von mindestens einer Meile (1,6 km)!

Ich hatte das Gefühl, daß sich meine Reise mit dem Mutterschiff ihrem Ende näherte und ich es ebenfalls bald verlassen würde. Ganz tief unten, direkt am unteren Rand meines Fensters entdeckte ich einen Teil eines dunklen und bewegungslosen Planeten, dessen Krümmung von hinten her erleuchtet wurde, wahrscheinlich von einer verborgenen auf- oder untergehenden Sonne.

Innerhalb weniger Minuten öffnete sich die Tür meines sechseckigen Raumes. Zeit zu gehen, dachte ich. Würde ich zu dem Raumschiff gebracht oder statt dessen zu diesem Planeten? Instinktiv kümmerte ich mich um mein Gesicht und meine Haare, als würde ich irgend ein Zusammentreffen mit jemand erwarten. Aber ich hatte weder einen Kamm für mein wirres Haar noch einen Rasierapparat für meine inzwischen gewachsenen, juckenden Bartstoppeln an meinem Kinn. Nun, das sollte mein letzter Kummer sein, zumindest habe ich bis jetzt überlebt. Ich ging durch die Luftschleuse und durch die eine offene Tür, die zu den Liegeplätzen führte. Offensichtlich wurde ich gebeten, an Bord der gleichen Untertasse zu gehen, die mich hierher brachte, um mit ihr das Mutterschiff zu verlassen.

Nachdem ich an Bord war und die Tür geschlossen hatte, stießen wir in halbmaterialisiertem Zustand durch die Wand des Trägerschiffs. Als wir draußen waren und sich alles in Ordnung befand, kehrten wir in den 'normalen' Zustand zurück. Ich warf einen Abschiedsblick auf das Mutterschiff: Es sah aus wie chemisch verfärbt oder verbrannt, seine häßlichen Verfärbungen waren offensichtlich. Aber ich konnte nichts Genaueres ausmachen, denn das ganze Trägerschiff geriet rasch außer Sicht. Wir begannen, uns in Richtung des in Dunkelheit gehüllten Planeten unter uns herabzusenken, weg von dem in der Nähe befindlichen Raumschiff. Es war ein atemberaubender Anblick. Ich war hochentzückt, all dies in mich aufnehmen zu dürfen.

Hinter der Horizontlinie des Planeten ging nun die Sonne auf. Doch kurz darauf folgte ihr eine zweite Sonne! Ich war völlig sprachlos. Eine Minute dachte ich, jetzt werde ich verrückt. Während unseres raschen Hinabflugs stiegen die beiden Sonnen jedoch höher und höher und überzeugten mich davon, daß das, was ich sah, Wirklichkeit war. Dann stießen wir auf die dicke, wolkige Atmosphäre, und bald waren wir von Dunkelheit umgeben, als wir wieder in die Nachtseite des Planeten eintauchten. Nur ein seltsam aussehender roter Mond kam in Sicht und leistete uns auf unserem Abwärtsflug Gesellschaft. Es ging durch Wolkenschichten hindurch, und bisweilen sah man vage Andeutungen von Landmassen und Meeren.

Dann kamen Ansammlungen farbiger Lichtpunkte in Sicht. Eine Stadt! Und wir hielten auf sie zu. Ich war erregt wie ein Kind, das auf den Weihnachtsmann wartet.

Als wir der Stadt näher kamen, konnte ich immer mehr Einzelheiten ausmachen. Da waren in dichten, aber unregelmäßigen Abständen gigantische Glaskuppeln verschiedener Form und Größe, mit einer Fülle aufragender

Turmspitzen und mehrstockiger Fahrbahnen. Die Kuppeln waren alle durch ein Labyrinth gekrümmter 'Glas'-Röhren miteinander verbunden, die eine Art Fahrzeugverkehr in sich bargen. Myriaden vielfarbiger Lichter glitzerten von den einen ganzen Wald bildenden Turmspitzen, ähnlich den Fenstern unserer Wolkenkratzer.

Ein märchenhafter, futuristischer, aber auch schwindelerregender Anblick! Aber bevor ich mir alles näher ansehen oder gar die Vergrößerungseinrichtung der Untertasse nutzen konnte, um weitere Einzelheiten zu studieren, senkten wir uns in Richtung einer festen, halboffenen Kuppel, die einer Sternwarte ähnlich sah. Wir flogen durch die Öffnung hindurch und landeten auf dem Boden. Innerhalb einer Minute öffnete die Untertasse dann ihre Türe und senkte die Rampe hinunter.

Wir waren endgültig angekommen...

8. Kapitel

Ein fremder Planet

Ich nahm meinen ganzen Mut zusammen, um dem möglichen Schock beim Zusammentreffen mit einem außerirdischen Wesen, in welcher Form auch immer, widerstehen zu können und verließ voller Erwartungen das Raumschiff.

Nichts! Nur eine leere, große, fest aussehende Halle begrüßte mich. Die Kuppel über mir war geschlossen, die Luft atembar, die Schwerkraft normal, diffuses Licht entströmte den Wänden. Ein laufender Gehsteig, ähnlich einem Förderband, führte zu einem Tor an der gegenüberliegenden Seite. Ich zuckte die Achseln, trat auf das Förderband und prüfte geistesabwesend meinen Verstärker-Gürtel und den Helm. Nun, den Gürtel hatte ich um, aber zu meiner Überraschung stellte ich fest, daß ich den Helm unter den Arm geklemmt hatte. Beim Verlassen des laufenden Bandes an seinem anderen Ende fand ich einen offenen Aufzug, der innen jedoch weder irgendwelche Bezeichnungen noch Druckknöpfe aufwies. Als ich eintrat, schloß sich die Tür automatisch, und er fuhr nach oben.

Als ich ausstieg, geriet ich in eine unerwartete und völlig verblüffende Szene! Ob Sie's glauben oder nicht, ich befand mich in einer durch und durch irdischen Piano-Bar! Eine rothaarige Frau saß am Klavier und sang mit kehliger Stimme „I left my Heart in San Francisco". Eine Handvoll normal gekleideter Leute saßen verstreut an den Tischen in schwacherleuchteten Nischen. Verrückt, völlig verrückt! Ich schüttelte den Kopf. Ich mußte an Halluzinationen leiden...

„Guten Abend, und herzlich willkommen!" Eine vibrierende Stimme hinter mir schreckte mich auf. Ich wandte mich um und sah eine reguläre Bar, und hinter dem Tresen grinste ein mir vertrautes Gesicht hervor. Der Mann hatte durchdringende grüne Augen und trug einen Bart, der ihm ein etwas schelmisches Aussehen gab. Ich war wie vom Schlag getroffen: Es war der Taxifahrer, der mich ein halbes Jahr zuvor zu der „Psycho-Messe" gebracht hatte!

„Willkommen auf dem Planeten 'ARGONA' des 'Omm-Onn'-Systems, einem Mitglied der 'Vereinigten Psycho-Welten'. Und, falls Sie es wissen wollen, Omm und Onn sind die Namen der beiden Sonnen. Nun, was möchten Sie trinken?"

Ich murmelte etwas. Er stellte eine offene Zigaretten-schachtel und ein Butan-Feuerzeug auf den Tisch und mixte dann zwei 'Gin-and-Tonics'. Ich legte meinen Helm ab, setzte mich auf einen Stuhl, zündete mir eine Zigarette an und nahm einen Schluck, was mir beides ausgesprochen gut tat. Ich fühlte mich fast wie erschossen durch die unerwartete erdähnliche Szenerie und das durchaus irdische Verhalten des taxifahrenden Barkeepers.

„Ich heiße Argus. Ich bin ein sogenannter 'Fremder', nämlich ein 'Psychiker' und auf diesem Planeten der Ihnen zugewiesene Gastgeber und Führer." Er gönnte mir ein warmes, freundliches Lächeln.
„Mann, oh Mann!" rief ich aus. „Ich hatte eher glotzäugige grüne Drachen mit Laser-Gewehren erwartet..."
„Oh, so was haben wir auch, auf einigen anderen recht fernen Sternen-Systemen."
„Ja, und statt dessen finde ich dies hier, und Sie!"

„Nun, irgendwie mußten Sie mich doch in Zusammenhang mit den 'Fremden' gebracht haben, damals bei der Sache mit dem Taxi."
„Das stimmt. Doch Vermutung ist eine Sache, Gewißheit eine andere."

„Gut gesagt. Und deshalb wurde auch diese Untertassen-reise für Sie arrangiert. Der Gewißheit wegen, das ist es."

„Arrangiert? Bisweilen fühlte ich mich regelrecht mani-puliert. Gerade wie damals, als Sie mich in dieses Taxi hineingebracht haben – wenn es überhaupt ein Taxi war..."
„Kein Taxi, nur ein Mietwagen mit ein bißchen sanfter Suggestion von meiner Seite aus. Da Sie an jenem Abend nicht von sich aus zu der 'Psycho-Ausstellung' gehen wollten, mußte ich meine Zuflucht zu ein bißchen psychi-scher Manipulation nehmen, um Sie zu dem vorbereite-ten Kontakt zu bringen."
„Sie meinen diesen blonden jungen Mann, Quentin? Kein Wunder, daß er so viel wußte. Er muß ebenfalls ein 'Psy-chiker' sein. Ist er jetzt hier?"
„Nein, er ist kein 'Psychiker'. Und er ist auch nicht hier. – Nun, wir treiben keine Werbung, noch überreden wir je-manden. Du zeigtest Interesse, und so legten wir einige Spuren aus, denen Du folgen konntest. Und da Du restlos gefolgt bist, gewährten wir Dir die Flüge. Der Schlüssel ist Dein eigener Antrieb."
„Immerhin hätten Sie mich über das zu Erwartende infor-mieren können."
„Ein Trip mit Reiseführer? Nein, die Herausforderung für Dich, alles selber zu entdecken, wollten wir Dir nicht rau-ben. Und Du hast es doch allein auch wirklich gut ge-macht. Und für uns war es nötig, darüber Bescheid zu wissen, denn wir überwachten Deine mutige Auseinan-dersetzung mit dem Unbekannten."
„Oh, ich habe alles genossen. Ich wollte mich auch nicht beklagen, sondern wollte nur wissen, warum. Immerhin, es war sein 'Geld' wert."
„Nun, Spaß beiseite. Das Schlüsselwort lautet 'gegensei-tiger Nutzen'."
„Gegenseitig? Aber wie denn? Ihr Reich ist so weit fort-geschritten..."

124

„Du wirst schon sehen, wie – eventuell. Unsere Sache ist es, nur zu zeigen und zu erklären..."

Das 'Rotköpfchen' am Pinao sang gerade ein populäres französisches Chanson, oder eigentlich ein ganzes Potpourri französischer Melodien. Ihr Stil gefiel mir ausgesprochen gut. Doch ich wandte mich wieder an Argus, meinen Gastgeber.

„Nun, erklären Sie mir dann weiter. Können wir in Einzelheiten gehen? Werden diese unbemannten fliegenden Untertassen von einer lebenden, körperlosen Intelligenz gesteuert, die ihren Sitz in der 'Kugel' hat?"
„Sehr gut. Die Antwort ist ja!"
„Waren Sie persönlich diese lebende, aber körperlose Intelligenz?"
„Bei Gott! Ihre Gedankensprünge sind ja äußerst beeindruckend. Das Konzil wird überrascht sein, solches zu hören."
„Sie haben meine Frage nicht beantwortet."
Argus: „Du gehst ja direkt drauf los, was?" In seinen Augen blitzte lebhaftes Interesse auf. Argus schien die Unterhaltung zu gefallen. „Also, diese lebende Intelligenz war nicht ich in Person. Weil wiederholte interdimensionale Transits auf unsere Leute ungünstige Nebenwirkungen haben können, selbst wenn sie Schutzkleidung tragen. Das schmerzhafte Herabsetzen der Schwingungsrate beim Eintreten in Eure Dimension ist besonders ungut. Deshalb ist es vernünftiger, für solche Fahrten Bio-Computer zu verwenden."
„Und was ist mit der Struktur der Untertasse an sich? Sie kam mir eher wie etwas Lebendiges vor, und nicht nur wie eine gewöhnliche Maschine."
„Gut gesagt. Der Grund ist, weil sie organisch gewachsen ist, um so den Transitwirkungen und anderen besonderen Belastungen gewachsen zu sein, was bei einer bloßen Maschine nicht der Fall wäre."

„Ähnlich wie wir auf der Erde uns entschlossen haben, speziell geformte riesige Kürbisse wachsen zu lassen, die Bootswände aus Fiberglas ersetzen sollen?"

„Ja. Aber die Analogie kommt nur annähernd an die Wirklichkeit heran. In Wirklichkeit benutzen wir alle Arten von Kombinationen von organisch über synthetisch bis zu bionisch, ob für stationäre und zweifüßige Androiden. Immer wie es für die benötigte Funktion erforderlich ist."

„Dann muß es schwer sein, zu sagen, woher ursprünglich in welcher Form und warum." Argus nickte schwer.

„Und das schließt auch Dich ein, natürlich. Schwer zu sagen bei all diesem kosmischen Verkehr, und den Wanderungen kreuz und quer durch den Kosmos, die ganzen Zeitalter hindurch."

„Sie meinen...? Gott im Himmel, sagen Sie mir bitte nicht, ich wäre eine andere wandernde Intelligenz in meiner gegenwärtigen Hülle!"

„Ich sagte nicht, du wärst das. Tatsache ist, daß manche von Euch Erdenmenschen in ihrem allgemeinen Muster überraschende Unstimmigkeiten zeigen. So wie bisweilen Deine eigenen scharfen Einsichten. So studieren wir eben diese Dinge im allgemeinen."

„Ich wette, Sie tun dies. Und ich vermute, daß ich auch gerade jetzt auf tausend verschiedene Einzelheiten meines Wesens geprüft werde."

„Da hast Du es schon wieder! Ich habe das Gefühl, daß unser Konzil sehr daran interessiert wäre, Dich persönlich kennenzulernen... Aber was bin ich für ein schlechter Gastgeber. Wie wäre es mit noch einem Drink?"

„Bitte, ja. Dann können Sie mir einiges über Ihre Arbeit und diesen Platz hier erzählen."

Argus füllte das Glas auf und begann dann weiterzusprechen.

„Nun, ich beende gerade meine Dienstreise als 'Residierender Psycho-Koordinator' auf Eurer Erde. Unter anderem studierte ich dort irdische Angelegenheiten und assistierte interessierten Menschen, die mehr über 'fremde psychische Anwesenheit' erfahren wollten."

„Es muß für Sie eine große Freude gewesen sein, sich offen zu zeigen. Aber wie konnten Sie es vermeiden, erkannt zu werden?"

„Ich konnte es gar nicht immer. Einige Leute vedächtigten mich stark, einer dieser 'Fremden' zu sein. Gelegentlich mußte ich einen psychischen Schutzmantel um mich bilden, um meinen Rückzug zu decken."

„Waren Sie eine zeitlang im Gebiet von Huntsville stationiert? Gibt es in diesem Bereich irgendwelche unterirdischen Einrichtungen...? Und was war mit dem geheimnisvollen Fremden, in den ich eines Nachts fast hineingerannt wäre...?"

„Laß uns nicht solche kleinen Einzelheiten diskutieren", unterbrach mich Argus entschieden. „Nun also, nachdem ich genug über die menschlichen Vorgänge auf Eurem Planeten erfahren hatte, wurde ich hierher gebracht, um diese erdähnliche Empfangsstation für irdische Gäste einrichten zu helfen. Die Einrichtungen entsprechen voll und ganz denen auf der Erde, einschließlich Speisen und Getränke, die wir selbst herstellen."

„Sicher trafen Sie hier auf eine ganze Menge Probleme."

„Durchaus nicht. Die Besucher sollen sich hier zuhause fühlen, hier fern von daheim inmitten überwältigender fremdartiger Eindrücke. Diese Unterbrechung hilft dabei, die seelische Stabilität aufrecht zu erhalten. Übrigens haben wir immer eine Menge Gäste von anderen Systemen, manche auch von Deiner eigenen Dimension, die Du in Deiner Galaxis als 'Nachbarn' bezeichnen könntest. Sie alle kommen von verschiedenen Zivilisationen jenseits der Deinigen. Alle studieren eifrig die Erd-Angelegenheiten und sprechen fließend die meisten Eurer wichtigsten Sprachen.

Siehe die rothaarige Pianistin zum Beispiel, 'Melody', kommt von einem Planeten, der in Eurer eigenen Dimension Saturn* genannt wird. Diese Leute halten sich, zwischen ihren Missionen auf der Erde, hier oft auf, oder sie wurden eigens hierher geschickt, um mit uns an einer Aufgabe von gemeinsamem Interesse zu arbeiten – dem Projekt 'Erde'. Wenn es so weitergeht, werden wir unsere Empfangsmöglichkeiten beträchtlich erweitern müssen."

Ich war erstaunt. Ich schaute in der Bar herum: „Sie meinen, alle diese Leute sind 'Fremde'?"
„Sicher sind sie das, obwohl ihre Tätigkeit genau der eines Erdenmenschen entspricht. Später wirst Du Gelegenheit haben, mit ihnen bekannt zu werden, wenn Du magst."

Wie auf ein Stichwort stand in diesem Augenblick die Pianistin auf und kam zu uns herüber.

„Ich möchte mal gerade eine Minute Pause machen und 'hallo' sagen, bevor ich schwimmen gehe." Sie schwang sich auf einen Barhocker.

Argus stellte uns gegenseitig vor, erklärte, daß ich gerade von der Erde angekommen war und goß ihr das gewünschte Glas Orangensaft ein.

'Melody' war eine auffallende Rothaarige mit seegrünen Augen, sehr aristokratisch und stark vibrierend. Ihr Englisch war makellos. Ohne weiteres konnte sie für eine reiche Nordamerikanerin gelten, ohne den geringsten Zweifel oder Verdacht aufkommen zu lassen.

„So, Sie kamen also gerade von der Erde?" Sie warf mir einen warmen Blick zu und lächelte. „Wie faszinierend. Eines Tages werde ich mich auch anschicken, diesen teuren, alten Planeten zu besuchen."

* Wir erinnern an „Mengers Lied vom Saturn"

128

„Das heißt, Sie waren noch nie dort?" Ich war sehr erstaunt. „Wie kommt es dann, daß Sie so exzellent Klavier spielen und einen so guten Stil haben?"
„Oh, während meiner Ausbildungszeit zu Hause wurde ich sorgfältig in den verschiedensten Bereichen meines anthropologischen Studiums unterrichtet. Übrigens habe ich gar keinen Grund, mich darüber zu beklagen, daß ich noch nichts Irdisches gesehen habe, denn ich verfüge schon über beachtliche Erfahrungen von 'Nova Terra' her, was der Wirklichkeit sicher am nächsten kommt."

Argus schaltete sich ein, um meinem Verständnis weiterzuhelfen: „'Nova Terra' ist das Projekt von gemeinsamem Interesse, das ich vorhin erwähnt habe."

Ein Fräulein Doktor an einem fernen Erd-Projekt? Sehr rätselhaft. Ich beugte mich hinüber und berührte Melodys Hand. „Was hat Sie dazu bewogen, so eine seltsame Tätigkeit zu wählen?"
„Seltsam?" sagte sie überrascht und blickte mich mit großen Augen an. „Ich finde ganz im Gegenteil. Sehen Sie, ich war immer unheilbar romantisch, stets liebte ich das Alte und echt altmodische Wege, so wie die Ihnen schwer begreifliche Erde. Kein Wunder, denn praktisch wuchs ich in den lebendigen Museen von Neu Atlantis auf, wo mein Vater einen Posten in der Handelskommission hatte..."

Sie hielt ihren Blick auf Argus gerichtet, wie um Unterstützung oder einen Kommentar zu erhalten. Ich fand ihren Bericht äußerst spannend, doch bevor ich weiter fragen konnte, warf Argus dazwischen:
„Melody meint, daß ihre Musik eine charakteristische Seitenlinie darstellt, den Teil der Gesamtgrundlage für ihre spezielle Tätigkeit. In der Tat ist sie eine ernste Wissenschaftlerin, mit der man keinen Spaß treiben sollte."

„Na, dann gehe ich jetzt lieber." Melody erhob sich von ihrem Sitz. „Zeit für mein Fitness-Training und all das. Ich sehe Euch wohl später. Und dann plaudere ich auch nicht mehr aus der Schule, das verspreche ich."

Ihr Abschied wirkte völlig natürlich. Und doch hätte ich gern gewußt, ob Argus sie irgendwie mit seinen Worten warnen wollte. War ich Zeuge eines 'Informations-Lecks', und war dieses zufällig oder gespielt?

„Sie kann nicht alles auf einmal lernen." Argus zuckte mit den Achseln, als wolle er meine unausgesprochene Frage kommentieren. „Zu gegebener Zeit wirst Du mehr und mehr erfahren. Wie wäre es, zunächst diesen Planeten Argona zu erkunden? Es ist ein Experimental-Zentrum für 'Angewandte Psychische Wissenschaften und Künste'."
„Sie meinen diese überkuppelten Städte, die ich vor meiner Landung sah?"
„Sie sind ein Teil davon. Aber es gibt auch noch viele andere verstreute Gemeinschaften auf dem Land, die von einer großen Anzahl Besucher bevölkert sind, die auch außerhalb der Psychischen Föderation leben, verstreut über unsere ganze Galaxis. Die Besucher sind von verschiedener Rasse und Gestalt, einige sind humanoid, andere nur annähernd."
„Wie faszinierend. Ich nehme an, die Kuppeln sind da, um die verschiedenen klimatischen Bedingungen sicherzustellen."
„Nicht ganz. Die meisten Besucher können die örtlichen Bedingungen hier ertragen, nur wenige brauchen Schutzkleidung. Die Kuppeln sind mehr dazu da, um extreme Hitze, Feuchtigkeit, Sandstürme und ähnliches abzuhalten, die sich aufgrund dramatischer jahreszeitlicher Veränderungen ergeben. Du siehst, dieser Planet ist höchst ungewöhnlich mit seinen zwei Sonnen und seinen dahintreibenden Magnetfeldern. Er ist ideal für künstlerische

Zwecke und wissenschaftliche Experimente, aber kaum geeignet für normale Besiedlung. Obwohl die Schwerkraft nur geringfügig schwächer ist als auf der Erde, sind die Tage nur ungefähr halb so lang, was dem menschlichen Stoffwechsel auf die Dauer nicht gut tut. Aber Du hast die Möglichkeit, später alles selbst zu sehen."

„Ich kann es kaum erwarten!"

„Nur nicht übereilen. Du brauchst eine kleine Pause. Ich verspreche Dir, Dich heute abend in die Stadt mitzunehmen. Nun will ich Dir Dein Zimmer zeigen, dort kannst Du Dich ein wenig ausruhen oder Dich auf eigene Faust hier etwas umsehen."

Wir verließen die Bar. Er führte mich auf eine Terrasse hinaus, wo ein dreistöckiges Hotel im Florida-Stil zu sehen war. Es hatte ungefähr dreißig Wohneinheiten und ein Penthaus auf dem Dach. Unten war ein Gartenhof und ein Schwimmbad, eingebettet in einem üppigen, tropischen Garten. Alles war in strahlenden Sonnenschein getaucht, wie von der Erde her gewohnt. Es war sehr warm und die Luft war voller Düfte. Am Schwimmbecken zählte ich drei Männer und fünf Frauen in Bikinis. Alles war vollkommen und entzückend. Ausgenommen, daß es draußen eigentlich Nacht oder früher Morgen sein mußte und nicht Mittagszeit.

„Wir haben hier unseren unabhängigen Sonnenschein-Effekt. Genau so gut wie in Florida", erklärte Argus und zeigte nach oben zur kaum zu entdeckenden Oberfläche der Kuppel, die eher aussah wie strahlend blauer Himmel. „Nachdem Du Dich in Deinem Zimmer umgezogen hast, kann ich Dich zu diesen Leuten herunterbringen, wenn Du möchtest."

Er brachte mich zu einer der Wohneinheiten, die eine Schiebetür zur Terrasse hin hatte. Der Raum war klimatisiert, die Einrichtung wie auf der Erde, einschließlich Bad.

Sehr zu meiner Freude fand ich Rasierapparat, Seife, wirkliches Wasser, Zahnbürste, Schlafanzüge, komplette und passende Freizeitkleidung und Badehosen vor.

„Übrigens, Deinen Helm und Verstärkergürtel brauchst Du hier in diesem Empfangszentrum nicht zu tragen", sagte Argus.

„Wie lange soll eigentlich mein vorgesehener Aufenthalt hier dauern?"

„Drei oder vier Tage, nach hiesiger Ortszeit."

„Nun, vermutlich brauchte ich ungefähr drei Tage, um hierher zu kommen. Die Rückreise dazugerechnet, werde ich also über eine Woche von zu Hause weg sein."

„Ja. Nur, daß die verflossene Erdenzeit nicht mehr als höchstens ein und einen halben Tag betragen wird. Das Umwandlungsverhältnis beträgt sieben zu eins. Auch so ein Paradoxon."

„Ich bemerkte schon, daß die 'sieben' auch in anderer Beziehung von Bedeutung ist, wie zum Beispiel in dem Trägerschiff: Die Anzahl der Untertassen und die Anzahl der Portale mit ihren verschiedenen individuellen bestimmten Ausstrahlungen."

„Richtig. Aber bring' nicht das Zeitverhältnis sieben durcheinander mit der Differenz zwischen der Schwingungsrate unserer zwei Dimensionen, sie beträgt nämlich ein Vielfaches von sieben. Eine andere Sache: Die Anzahl der Untertassen im Mutterschiff und deren Position stellt einen wichtigen Faktor hinsichtlich der Reise durch die 'Zeit- und Raumverwerfungen' dar. Form und Anordnung sind in diesem Fall für das Funktionieren zwingend erforderlich. Und noch etwas: die Portale entsprechen hinsichtlich ihrer Emanation den primären Triebfedern der sieben bestimmten Variationen hinsichtlich der Motivation der Geschöpfe und deren Einstellung gegenüber dem Leben. Die Portale können Dir geeignete Anregungen für Wohlbehagen und Inspiration geben, neben vielen anderen Dingen."

„Warum hatte das Mutterschiff unter seiner Kuppel kein kleines Florida-Hotel?"

„Nun, vor allem sollen keine großen Wassermassen in einem Raumschiff transportiert werden. Und außerdem dient die Kuppel einer sehr verschiedenen Besucherschaft, nicht nur ausschließlich Erdenmenschen."

In der Zwischenzeit legte ich meine Reiseuniform ab, zog Badekleidung an und war fast fertig mit dem Rasieren. Komisch, all diese irdischen Tätigkeiten taten mir äußerst gut. Argus hatte recht: Ich brauchte eine Unterbrechung inmitten dieser Abenteuer in einer fremden Welt.

„Also, gehen wir 'runter', die anderen Leute kennenzulernen", sagte ich. „Übrigens, sind da auch Androiden dabei?"

„Nicht, daß ich wüßte. Aber übrigens gilt es nicht als höflich, in dieser Richtung neugierig zu sein. Die Leute, die Du hier siehst, sind von ihrem Heimatplaneten ausersehen für dieses Erd-Projekt der Psychischen Föderation. Manche von ihnen waren schon auf der Erde, manche noch nicht. Aber alle verhalten sich ganz natürlich, so als wären sie echte Erdenbürger. Nun unterhalte Dich gut mit ihnen, denn es soll für Dich Freude und Erholung sein. Und nicht, daß es hier irgendwelche Geheimnisse gibt, aber wenn Du ernstere Fragen hast, dann richte sie bitte an mich."

Wir gingen hinunter zu den anderen. Es waren alles sehr nette junge Leute, fast alle unter dreißig, von strahlender Gesundheit und anmutigem Äußeren. Auf den ersten Blick waren sie nicht von wirklichen Erdenmenschen zu unterscheiden. Und doch fühlte ich eine gewisse Andersartigkeit, eine besondere Wesensart, die sie unter Umständen aus der Menge irgendwie herausgehoben hätte. Obwohl ich ganz schön braungebrannt und auch körperlich gut in Form war, hätte ich doch gern gewußt, für wen sie nun mich selbst gehalten hätten. Alle sprachen sehr gut englisch, und bei der Vorstellung nannten sie nur gewöhnlich klingende Vornamen und irgendwelche beliebigen irdischen Herkunftsorte aus verschiedenen Ländern.

Während der nächsten paar Stunden gab es dann viel Gelegenheit, beim Schwimmen oder am Ping-Pong-Tisch zu scherzen und allgemeine Reden zu führen unter den Sonnenschirmen an der Patio-Bar. Besonders freundete ich mich mit der rothaarigen Melody an, die an allem, was meine Person betraf, lebhaften Anteil nahm, und das auf charmante, feminine Weise. Niemals mehr erwähnte sie ihre wirkliche Herkunft, sondern sie benahm sich so, als käme sie aus der Gegend von New York.

Bei Sonnenuntergang – oder was dank der künstlichen Mittel so wirkte – schlug Argus vor, wir sollten uns alle ein paar Stunden ausruhen und uns dann zu einem Apéritif wieder zusammenfinden. Mir sagte er, er würde mich mitnehmen, die Stadt zu besichtigen, nachdem wir gegessen hätten, während die anderen ihren jeweiligen persönlichen kulturellen Interessen nachgehen würden. Und dann schlug er sogar eine freiwillige nächtliche Gartenparty mit Musik und Tanz vor, nachdem alle wieder zurückgekommen wären.

Ich fühlte mich so glücklich wie ein wirklicher Gast an einem irdischen Erholungsort und freute mich auf die kommenden Ereignisse am Abend und in der kommenden Nacht. Argus sagte, es würde mich jemand wecken, falls ich jetzt ein Nickerchen machen wollte. Und das tat ich auch, denn müde, aber zufrieden legte ich mich auf mein Bett.

Zu meiner Überraschung erwies sich das Dinner als eine ganz besondere Sache mit Fleisch und verschiedenen Gerichten, die die anderen aus der Küche nebenan hereinbrachten. Ich konnte mich nicht genug über die Einzelheiten der Zubereitung wundern. Argus gestand jedoch, daß das Ganze ausnahmslos synthetisches Protein war. Der Mangel an authentischer Nahrung wurde aber wettgemacht durch viel Spaß und Gelächter. Für alle war diese und auch die nächste Nacht eine wunderbare Zeit.

Auch der nächste Nachmittag war ausgefüllt mit spielerischer Aktivität. Es gab grundsätzlich kein Fachsimpeln über Raum und Dimensionen, nur das übliche 'irdische' Feriengeplauder, Scherze oder auch Gespräche über kulturelle Dinge. Nach einer Weile war es völlig unmöglich zu glauben, daß dies wirkliche Außerirdische waren, auch konnte ich das vage Gefühl nicht mehr aufrechterhalten, dies wäre eine kleine Gruppe kleverer Wissenschaftler, die im geheimen meine Wesensart in ihrem lebenden Laboratorium beobachteten. Tatsache war, daß sie eingeweihte Studenten irdisch-menschlicher Angelegenheiten waren, die ihre Rolle als Erdenmenschen mit Stil spielten. Ich war dankbar für ihre Gesellschaft, besonders natürlich für die Melody's und für die Möglichkeit, so völlig ausspannen zu können.

* * * * *

Nach dem ersten Dinner nahm mich Argus für diesen Abend von der Gruppe weg. Er bat mich, den Raumanzug mit Gürtel und Helm anzulegen. Dann brachte er mich im Aufzug in eine Tiefgarage. Wir setzten uns in ein winziges Schwebevehikel, das fast geräuschlos funktionierte und fuhren durch eine Art Schleuse nach draußen.

Argus' Finger liefen über verschiedene Knöpfe einer Tastatur auf einer Bodenkonsole. Es machte mir Spaß, nach all dem zu sehen, daß man hier auch eine Art sichtbaren Mechanismus benutzte.

„Ich speiste gerade unsere Route in den Verkehrscomputer mittels dieses Auto-Piloten ein, der sich um die ganze Fahrt kümmern wird. Es ist sehr bequem", bemerkte Argus, als das Schwebevehikel mit uns abhob.

„Warum wird hier mechanisches Gerät benutzt, und nicht außersinnliche Wahrnehmung, wie in den Untertassen?"

„Ein Computer oder ein entsprechendes 'Gehirn' für einen einzigen Wagen? Das wäre eine große Vergeudung. Auch ist es einfacher, die Fahrtrichtung mit Druckknöpfen einzugeben, statt dies mittels psychischer Mittel zu tun."

„Warum dann nicht ein ähnliches Druckknopfsystem für Steuerung und Kommunikation in den Weltraumschiffen?"

„Diese Tätigkeiten sind viel zu komplex für bloße Druckknöpfe. Nebenbei, Kommunikation und Steuerung durch psychische Mittel ist möglich für den, der weiß, wie es gemacht wird."

Unser Schwebefahrzeug glitt über Felder dahin in Richtung auf den entfernten Highway. Als wir gerade auf diesen Highway gelangten, stellte ich fest, daß es da überhaupt kein Pflaster gab, sondern nur Bodenlichter als Markierung wie auf einer Startbahn. Eine Menge Fahrzeuge flitzten mit hoher Geschwindigkeit an uns vorbei, und zwar in der Luft, ungefähr fünfzig Fuß über dem Boden. Als wir uns der City näherten, nahm die Zahl der unsichtbaren Fahrbahnen, Kreuzungen und Zufahrtsrampen enorm zu. Und alles ohne eine wirklich körperlich existierende Straße. Auf jeden Fall gab es hier auf diese Weise weder Bau- noch Reparaturprobleme!

Argus erklärte mir vieles von dem, was es zu sehen gab. Er sagte, daß viele Kuppeln alle Arten von Forschungslaboratorien und Werkstätten bergen. Andere Kuppeln waren Versorgungsbetriebe, Wohnungen und Erholungsplätze. Sicher konnte ich nicht viel Sinn hinter diesem Durcheinander von Bauten und Lichtmustern finden. Bisweilen hatte ich das Gefühl, als führe ich auf einer Einschienenbahn durch eine utopische Weltausstellung.

Unser Fahrzeug setzte uns innerhalb der größten Kuppel, direkt mitten in der Stadt, ab. Wir gingen dann auf einer der vielen Ankunftsrampen weiter, während unser Wagen von selbst wieder abhob und in einem unterirdischen Tunnel verschwand.

Wir befanden uns dann am Rand eines öffentlichen Platzes mit Springbrunnen und riesigen abstrakten Skulpturen. Laufende Bänder beförderten die Menschenmassen in verschiedene Richtungen, sobald sie ihre unterschiedlichen Fahrzeuge verlassen hatten. Die Leute waren humanoid, aber von einer phantastischen Vielfalt, von fast menschenähnlichem Aussehen bis zum absolut 'Unirdischen'. Vertreten waren fast alle Farben des Regenbogens, und ihre Größe reichte von knapp einem Meter bis zu über zwei Metern. Ich hatte keinen Grund anzunehmen, daß mein Auftreten jemanden zum zweimaligen Hinsehen veranlaßt haben könnte.

Das war der städtische Erholungsbereich, sagte mir Argus. Alle Gebäude waren futuristisch in ihrer Form, gefällige, glasähnliche Strukturen. Eine pastellfarbene Beleuchtung gab der Stadt eine bezaubernde, traumhafte Wirkung. Der überall vorzufindende ästhetische Ausgleich war äußerst wohltuend. Bei der Benutzung der beweglichen Gehwege und der Aufzüge hatte ich nach einer Weile den Eindruck einer mehrstöckigen Bahnhofshalle. Alles war so schrecklich erregend!

Alles sah sehr sauber und beeindruckend neu aus, selbst das plastikähnliche Pflaster und der Boden strahlten vor

Sauberkeit. Übliche Ladengeschäfte waren nicht zu sehen, doch an vielen Orten gab es Stapel von mir unbekannten Gegenständen, die kostenlos weggenommen werden konnten. Reklametafeln waren nicht zu sehen, dafür aber viele Angaben über Lokalitäten und Wegrichtungen. Diese Schilder trugen verschiedenfarbene Zeichen und geometrische Figuren, und viele waren mit hieroglyphenähnlichen Symbolen versehen. Wie Argus sagte, wurde hier allgemein die intergalaktische Standardsprache benutzt. Nun, mir klang es wie sanftes Singen ohne eigentliche Worte. Doch hörte es sich sehr melodisch an.

Wir setzten uns an verschiedenen Plätzen nieder, nur um eben die Leute zu betrachten, die zu Fuß, auf den laufenden Bändern, über Spiralen und Aufzügen der verschiedensten Art vorbeikamen. Es gab da so viel zu sehen, so viele Einzelheiten zu studieren, so viele Dinge zu enträtseln. Ich fand sogar heraus, wie einer der öffentlichen Brunnen zu benutzen war, direkt unter dem wachsamen Auge einer seltsam aussehenden und robusten Dame, die in der Nähe saß. Der Drink schmeckte furchtbar komisch, etwa wie flüssiger Kaviar. Argus platzte fast vor Lachen, als er sagte: „Dieser Drink ist dazu bestimmt, um die nachlassende Vitalität müder Besucher wieder zu stärken. Die Art und Weise, wie Du getrunken und dabei diese Frau angeschaut hast, war gleichbedeutend einer sexuellen Einladung, entsprechend der hiesigen Gewohnheit." Es war gut, daß mich Argus eilends von hier weggewirbelt hatte. Möglicherweise wäre ich sonst noch vergewaltigt oder verhaftet worden, vielleicht sogar beides!

Wir gingen dann in einen Gebäudekomplex, der in seinem Innern eine ganze Gruppe riesiger Kuppeln barg. Eine dieser Kuppeln enthielt nichts als hunderte von zeltförmigen Kristall-Pyramiden, die in konzentrischen Kreisen angeordnet waren. Argus sagte, dies diene einer Art verstärkter Gruppen-Meditation. Innerhalb des gleichen Komplexes kamen wir an ein paar offenen Hallen vorbei, in denen es aussah wie in einer Varieté-Show. Aber Argus informierte mich, daß dies nur dreidimensionale Fernseh-Zentren waren, die in ihrem Effekt aber fast an wirkliches Theater heranreichten. Einige andere Hallen sahen aus wie Sportarenen, andere wieder rochen wie die Vorräume eines türkischen Bads oder nach Weihrauch duftende Schönheitssalons. Aber ich sah davon ab, weitere Experimente zu machen. In der Tat genügte es mir völlig, zuzusehen und die Dinge auf mich wirken zu lassen. Selbst das strengte mich auf die Dauer an, und geistige Müdigkeit schlich sich ein, wurde ich doch buchstäblich bombardiert von der unglaublichen Menge völlig neuer Eindrücke.

Kurzerhand machte ich mich von Argus frei und trat durch eine Tür in einen, wie ich annahm, öffentlichen Waschraum. Es war ein weiterer Irrtum: Auf der Stelle wurde ich von einem starken Dampfstrom körperlich in die Höhe gerissen. Es roch nach Champagner. Ich fühlte mich gewichtslos völlig frei schweben, hoch in der Luft wie in einem schwerefreien Ballsaal, umgeben von wunderbaren psychedelischen Effekten und melodischen Klängen. Da gelang es Argus, mich zu finden, und er schleppte mich zu einem richtigen Waschraum. Ich war schon ziemlich 'high', wie ein betrunkener Goldfisch.

Dann fuhren wir mit unserer Besichtigungstour fort. Schließlich gelangten wir zum innersten und größten Kuppelraum des Komplexes, der aussah wie ein Planetarium. Wir hielten an um zu schauen: Auf jedem Sitz war ein Helm, der vom Besucher zu tragen war. Dann starrte er auf eine verwirrende Anhäufung farbiger Lichtmuster, die sich an der inneren Oberfläche der Kugel zeigten. Als er schließlich aufstand, um zu gehen, glitt ein Plastikstreifen aus der Armlehne, den der Klient mit sich nahm. Argus erklärte, daß es sich hier um etwas ähnliches wie die Sichtbarmachung der persönlichen Gestirnstände handelte, und daß am Ende das schriftliche Horoskop erstellt wurde.

Aber diese Sache hatte nicht nur astrologische Bedeutung. Die farbigen Lichtmuster in der Kugel waren eine Darstellung vieler zu verwirklichender kosmischer Kräfte und Faktoren. Der Helm verband die Person gewissermaßen mit der für ihn wichtigen und speziellen Konfiguration und half ihm dabei, sie sogar psychisch zu verstehen. Auf diese Weise konnte die Person ihre Stellung auf ihrem empfohlenen Lebensweg erkennen und wieder überprüfen, indem durch kurze Hinweise günstige Aktionen und Entscheidungen in den persönlichen Angelegenheiten vorgeschlagen wurden. Der dünne Plastikstreifen war hiervon eine K o p i e, und das darauf Festgehaltene konnte bequem wieder daraus entnommen werden, indem man ihn auf die Handfläche legte und die ausströmenden Schwingungen in sich aufnahm.

Offensichtlich war dies eine sehr präzise und wissenschaftlich erprobte Hilfe zur Entwicklung der Persönlichkeit, eine Entwicklung, deretwegen alle Leute hier auf diesen Planeten gekommen waren. Doch wäre diese Hilfe für mich nicht möglich gewesen, da mein eigenes voraussichtliches 'Lebensmuster' einer anderen Dimension angehörte.

Ich war sehr beeindruckt von alledem. Alle Leute strahlten vor Gesundheit und trugen ein Selbstvertrauen zur Schau, ähnlich dem einer erfolgreichen VIP – einer sehr wichtigen Person – auf Erden. Argus sagte, daß dies natürlich sei bei Leuten, die sich selbst verwirklichen und auf ungewöhnlich hohem Niveau tätig sind. Er bemerkte, daß ein kleiner Prozentsatz der Erdbevölkerung, die 'Creme der Menschheit' diesem allgemeinen Entwicklungsstand nahekomme. Doch diese hoch entwickelten Leute kamen hierher, um sich noch weiter zu verbessern!

Argus erklärte mit einem Lächeln, daß das Motiv dabei nicht gerade nur eifersüchtige Selbstverbesserung sei. Es ging eher darum, durch erhöhte Wahrnehmungsfähigkeit den höchst möglichen Entwicklungsstand zu erreichen. In ihrem Erfolgsstreben werden sie ermutigt, indem sie ihre Fähigkeiten in weitem Rahmen der Gemeinschaft zugute kommen lassen. Und dieser Planet gewährt in seiner Gastfreundschaft eine Verbesserung im Wahrnehmen und Erkennen des eigenen Ichs, er erhöht die Sensibilität, Disziplin und das Ausdrucksvermögen – auf allen Seinsebenen. Der ganze Prozeß ist eine Freude in sich, nicht zu erwähnen der Gesamtnutzen für alle Beteiligten.

Da Argus meine Begriffsstutzigkeit fühlte, erklärte er weiter. Die Persönlichkeitsentwicklung ist mehr als ein schönes und exotisches Erholungsparadies für Millionäre, wo man seine Fähigkeiten steigert und sich an allem und jedem erfreuen kann. Nun, dachte ich trocken, diese Art eines 'Lernprozesses' könnte für mich ein Jahre dauerndes Projekt werden. Andererseits, fuhr Argus fort, kann die Entwicklung auf mehr asketischen und mystischen Wegen folgen, im Wechsel zwischen künstlerischer und wissenschaftlicher Tätigkeit, je nachdem, für welche Kombination und für welche Muster sich das Individuum entscheidet. Dies ist seiner eigenen Einschätzung überlassen, ergänzt durch solche freiwilligen Befragungen wie in dem 'Astro-Dom' beispielsweise...

Da Argus merkte, daß ich nun von dem Übergewicht neuer Eindrücke völlig übersättigt war, entschied er, die Besichtigung und Belehrung nun zu beenden. Wir gingen eine Rampe hinunter, wo unser Fahrzeug wie ein braver

Hund von selber herauskam. Wir hoben ab in Richtung auf unser Empfangsgelände, und ich freute mich nun auf die bevorstehende Gartenparty.

Am nächsten Morgen nahm mich Argus auf eine Halbtagstour aufs Land mit.

Als wir unser Gelände und die ‚Zivilisation' verließen, wurde ich von der süßen, wohlriechenden Luft ein bißchen schwindelig. Der Horizont verlor sich in einem sanften, kupferfarbenen Morgendunst. Die Tageslichtfarben brachten mich fast außer Fassung mit ihrem Kupfergrün, ähnlich einem visionären Gemälde van Goghs, besonders aber auch die seltsamen doppelten Schatten, die die bereits aufgegangenen und am türkisfarbenen Himmel stehenden Sonnen warfen. Anstelle von Argona hätte ich den Planeten lieber Oxydus genannt, denn er sah aus wie oxydiert.

Der lebhafte Eindruck dieser fremden Welt erregte mich sehr, jedoch nicht als etwas Drohendes, sondern eher wie ein angenehmes und poetisches Fantasiereich. Denn die Szenerie war wirklich schön in ihrer seltsamen und delikaten Art. Argus sagte, es wäre ein guter Platz für Maler, um die ungewöhnlichen Schattierungen und nebelhaften Stimmungen zu erkunden, und auch sehr inspirierend für poetisch Veranlagte. Das leuchtete mir ein, besonders mit all diesen verwirrenden und wilden Vegetationsgruppen, die schienen, als habe sie ein betrunkener Botaniker so angeordnet. Immerhin, ich glaubte, ich liebte diesen Planeten, er hatte einen leichten Anflug von 'Bohème' mit seinem verrückten Charme.

Ich erfuhr von Argus, daß Dutzende gleichartiger Städte über den ganzen Planeten verstreut waren, umgeben von hunderten von Meilen ländlicher Bereiche, wo die meisten Leute in den verstreuten Siedlungen wohnten. Ein

Besucher konnte überall wohnen. Es hing nur ab von der jeweiligen Art seiner Aktivitäten, denen er nachgehen wollte. Diese Siedlungen waren stark voneinander verschieden und reichten von luxuriösen Erholungsplätzen über malerische Künstlerdörfer bis zu schlichten Klöstern für asketische Übungen. Sie lagen in den unterschiedlichsten Gegenden, von subtropischer Schönheit bis zu einsamen, ja trostlosen Gebirgsgegenden.

In der Nähe jeder Ansiedlung gab es verschiedene große überkuppelte Gebiete, die als isolierte Experimentierplätze dienten. Diese weckten meine Neugier in weit stärkerem Maß als die Siedlungen selbst. Manche Kuppeln waren fast leer, ausgenommen die von jenen Teilnehmern, die selbstinduzierte Levitation ausübten. Das Innere mancher Kuppeln glich einer sonderbaren Art von Baugelände: Steinplatten materialisierten sich aus dem Nichts, wurden ohne sichtbare Hilfsmittel von Flammen geschnitten und ohne Kran hoch in die Luft an ihre Plätze gehoben. Argus sagte, alles dies wird grundsätzlich durch das Erzeugen und Umwandeln typisch psychischer Energie vollbracht. Einige andere Kuppeln enthielten vagabundierende Energiestürme und Entladungen, von den Experimentierenden willentlich erzeugt und gelenkt, auf irgend eine mysteriöse Art und Weise.

„Was Du siehst, funktioniert nur innerhalb dieser starken kräfte-verstärkenden Felder. Es dient dazu, die menschlichen Möglichkeiten zu demonstrieren und einige grundsätzliche Fertigkeiten zu lernen. Aber etwas derartiges einzig und allein durch pure Willenskraft zu bewerkstelligen, liegt tief verborgen im Bereich der grundsätzlichen Ursachen, und auch weit außerhalb der Reichweite des gegenwärtigen 'Psychikers', sagte Argus mit einem Achselzucken.

Dennoch war ich ungeheuer beeindruckt. Auf meine Bitte verließen wir unser Schwebefahrzeug, um in einen Kuppelbau einzutreten, wo es mir gerade gelang, einen kleinen Papierschnitzel von einer Tischplatte ein paar Zoll in die Höhe zu 'zaubern'. Große Sache! Und trotzdem war ich von dem Ergebnis entzückt.

Wir gingen weiter, um noch andere Kuppelbauten zu besichtigen. Manche davon enthielten alle Arten stark verschiedener gitterähnlicher Strukturen, die in großen Entfernungen angeordnet waren. Argus sagte, daß die Leute hier mit Schwingungsresonanzen für reine Harmonie-Theorien experimentierten, die irgendwo im Kosmos angewendet werden könnten. Ebenso, um eine neue Art von Musik zu schaffen, oder Dichtung, oder psychische Zustände, oder Mathematisches, Technologisches und wer weiß was sonst noch alles.

Und alle diese Leute waren keine Professionellen, sondern einfach Durchschnittsbürger, die hierher kamen, heraus aus ihrem gewohnten Leben, um sich hier einige Monate aufzuhalten. Argus sagte, sie hätten in jeder Sterngruppe der Psychischen Föderation Plätze ähnlich diesem Planeten. Dies alles diente den Menschen, mehr aus ihrem Leben zu machen, indem sie ihre Kreativität verstärkten, ebenso wie ihr Tätigkeitsvermögen, jeweils in ihrem besonderen Bereich.

Ich hätte gern gewußt, welche Art von Leben die Leute in dieser anderen Dimension führten. Nach Argus' Angaben war Ihre Anstrengung vor allem auf höchstmögliche Erfahrung, Freude und Wachstum gerichtet. Aber auch hier trug jeder durch produktives Tun seinen Teil an der Gemeinschaft bei! Denn selbst die Produkte spielerischen Experimentierens waren auf irgend einem Gebiet von Kunst oder Wirtschaft brauchbar. Fabrikation, Versorgung, Verkehrswesen waren fast völlig automatisiert, um so die Leute für wertvollere Tätigkeiten frei zu machen.

Entgegengesetzt zu der irdisch-menschlichen Art war Arbeit hier duchaus keine wirtschaftliche Notwendigkeit, sondern viel eher Vergnügen und Privileg. Ja, das konnte ich klar und deutlich erkennen: Hier war der innere Antrieb offenbar der dringende Wunsch zu schaffen und herauszuragen, so als sei jeder ein öffentlich subventionierter Kunsthandwerker.

All dies beschäftigte mich in Gedanken und ich grübelte, ob die Erdenmenschen jemals so weit kommen könnten. Es schien mir, daß die irdische Armut, Ignoranz, Gier sie in einem bösen, negativen Kreislauf gefangen hielt. Doch, ein positiver Kreislauf mit Fülle für alle, Wachstum, erhellte Lebensart könnte sich ebenso von selber immer wieder fortsetzen, wenn nur erst einmal damit begonnen würde. Aber wie würde es möglich sein, von diesem zu jenem Zustand fortzuschreiten? Sicher nicht durch Reden und Lippenbekenntnisse. Und, wie unterbricht man diesen Teufelskreis? Wie ist die Antwort? – wenn es eine gibt...

Argus mußte meine trüben Gedanken gelesen haben, denn er sagte bei unserer Rückkehr zum 'Hotel': „Diese Besichtigungstour hatte ihren guten Grund. Morgen werde ich Dir noch andere Faktoren aufzeigen. Denn eines Tages, bald, wird es klar sein, was Du von Dir aus tun kannst, um aus Deiner alten Routine herauszukommen...

9. Kapitel

Die Mission der Außerirdischen

Am nächsten Tag gingen wir überhaupt nicht aus. Einige Zeit nach einem späten Frühstück nahm mich Argus mit hoch in sein Studio. Der Raum war komfortabel eingerichtet. Unter anderen 'irdischen' Annehmlichkeiten gab es sogar eine Kaffeemaschine.

An einer Wand befand sich ein riesiger, blanker Projektionsschirm. Argus benutzte ihn für seine, einer Vorlesung gleichenden Erklärungen vieler Tatsachen, in die er sich nun stürzte. Dabei projizierte er einzelne Bilder und Filme auf die Leinwand, ohne daß ein Projektor zu sehen war und ohne irgendwelche Knöpfe zu drücken, anscheinend lediglich durch seine Willenskraft. Als ich ihn fragte, woher diese riesige Flut von Informationen überhaupt käme, sagte er, es wäre kein besonderer Trick dabei und fast jede gebildete Person könne dies bewerkstelligen. Die betreffende Person bedient sich dabei entweder ihres eigenen Gedächtnisspeichers oder setzt sich mit einer Art 'Bibliotheks-Computer' in Verbindung.

Er begann damit, daß er mich erinnerte, wie der 'Astro-Dom', den wir vergangene Nacht besuchten, die momentane Konfiguration vieler kosmischer Kräfte und Faktoren wiedergab, die das Leben im allgemeinen beeinflussen. Er projizierte ein Bild auf die Wand, das dem Muster der dichtgepackten Farbmuster in dem 'Astro-Dom' glich. Er erklärte, daß die verschiedenen Farben verschiedene kosmische Kräfte und Faktoren darstellten. So hat zum Beispiel die relative Position planetarer Körper in einem gegebenen Sonnensystem eine bedeutende Beziehung auf Weltereignisse in den entsprechenden Bereichen. Er sagte, wenn die Erdenmenschen dies nicht glauben wollten, so sollten sie sich auf eine gehörige Überraschung in den achtziger Jahren einrichten, wenn sich viele Planeten in der gleichen Richtung befänden, was übrigens bereits als 'Jupiter-Effekt' bekannt ist.

Ich studierte den Bildschirm. Punkte irgend einer gegebenen Farbe summierten sich zu Kraftlinien-Mustern oder Wolken verschiedener Dichte. Ich war erstaunt über die Vielfalt von kosmischen Kräften verschiedener Größe, über die planetaren Magnetfelder, psychische Ausstrahlungen, die alle dazu beitrugen, ein unfaßbares 'Klima' zu schaffen, das sowohl natürliche wie auch vom Menschen veranlaßte Ereignisse beeinflußte.

Argus sagte, die Vergiftung von Luft und Wasser seien auf der Erde wohl bekannte Faktoren, doch die psychische Vergiftung würde kaum einmal ernstlich in Erwägung gezogen. Doch das psychische Klima ist äußerst wichtig für die Gestaltung des Lebens in jeder Hinsicht, begonnen beim Charakter und der Motivation des Individuums bis zu den globalen Ideologien mit ihren Folgen. Er deutete auf eine schwer verdichtete Wolke von trüber Färbung auf dem Schirm, und erklärte, es handele sich hierbei um psychischen 'Fall-out' der von Nachbarsystemen ähnlich meiner Dimension herstamme, und zwar durch die sogenannten 'kosmischen Fenster'.

Dieser Niederschlag wäre Gift für viele wichtige Funktionen in diesem anderen System, da er bisweilen völlige Zusammenbrüche an davon schwer betroffenen Orten verursache.

Anhand der langen Reihe interdimensionaler Schaubilder, die Argus projizierte, zeigte er, daß die Erde sich bei der Erzeugung dieses psychischen Fall-outs als größerer Verursacher erwies. Es spielt dabei keine Rolle, wie groß die Abstände sind. Denn wegen vieler Verwerfungen, sich kreuzender Strömungen und anderer Anomalien ist der Weltraum nicht einförmig linear. Im Fall von 'Parallel-Universen' gibt es viele Überlappungen und gegenseitiges Ineinander-Eindringen zwischen den Dimensionen. Deshalb können zwei Örtlichkeiten, die durch unglaubliche Abstände voneinander getrennt sind, was psychische Emanationen betrifft, praktisch Seite an Seite liegen.

Argus erklärte dann weiter, wie und wodurch dieser ganze psychische Fall-out produziert wird. Auf den folgenden Bildern, die mehr Einzelheiten zeigten, sah ich buchstäblich schwere Wolken psychischer Vergiftung über Gebieten wie dem Mittleren Osten, Süd-Afrika, über vielen Orten Indiens, dem Fernen Osten, verschiedenen Flecken auch über Teilen von Europa und Amerika. Diese Wolken und Flecken sprachen für sich selbst: Es war eine offensichtliche Landkarte von Haß und Furcht, Angriffslust und sozialer Unruhe. Andere Stellen über großen Zentren der 'friedliebenden' reichen Länder waren nicht schwer zu erkennen als die Ausstrahlungen von Furcht, Haß, Neid und halsbrecherischem Wettbewerb. Auf einer Nahbereichskarte einer größeren nordamerikanischen Stadt waren Ausstrahlungen von Diskriminierung, Hochmut, krassem Materialismus und ähnlichem zu erkennen. All dies addierte sich zu dem allgemeinen psychischen Smog, der noch Schlimmeres erzeugen konnte. Die Bilder des 'irdischen psychischen Wetterberichts' bedurften keiner Erklärung. Ich war tief betroffen.*

Wir unterbrachen die Lektion und machten Kaffeepause. Als wir das Gespräch wieder aufnahmen, drückte ich mein Erstaunen über die unguten Wege der Menschen aus, die soviel Leiden und Elend durch die Jahrhunderte hindurch verursacht haben – wobei jedoch die Natur ebenso grausam ist, indem sie nur den Stärkeren überleben läßt. Darauf sagte Argus, daß man all dies im Zusam-

* Vergleiche „Wissenschaftler des Uranus testen Erdvölker", Ventla-Verlag

148

menhang betrachten müsse. Auf einem niedrigen Niveau ist das Überlebensprinzip sicherlich gültig. Aber wenn die Evolution weiter fortgeschritten ist, sind es nur noch Teamwork und Zusammenarbeit allein, die den weiteren Fortschritt der Zivilisation garantieren. Dann nämlich werden die früheren Überlebenstaktiken echte Hindernisse, ja selbst tödliche Gefahren. Optimales Gemeinwohl kann nur erreicht werden, wenn sich jedermann darüber klar ist, daß wir wirklich unseres Bruders Hüter sind, und das Einzelinteresse dem Gesamtwohl unterzuordnen ist.

Wir wandten uns wieder dem 'Unterricht' zu. Die nächsten Bilder auf dem Schirm zeigten Gruppen von Menschen in verschiedener irdischer Umgebung, zusammen mit ihrer psychischen Ausstrahlung. Es zeigte sich, daß spezielle Tätigkeiten, wie zum Beispiel studieren, Hokkey spielen, einkaufen, religiöse Betätigung ihre eigene charakteristische Emanation erzeugten. Und das gilt nicht nur für Gruppen von Menschen sondern für jedes einzelne Individuum, denn es waren hier grundsätzliche Emanationen bei jeder einzelnen Person zu sehen, die nichts mit der gerade ausgeübten Tätigkeit zu tun hatten.

Argus ließ in rascher Folge verschiedene Bilder aufleuchten. Es waren silhouettenartige Bilder von Personen, zusammen mit den Farben ihrer psychischen Ausstrahlung, die eine Aura rings um sie bildeten. Der innere Teil der Aurafarben charakterisierte die Grundschwingungen der Person, wie Gesundheitszustand, moralische Werte und Interessen, Verhaltensweisen und Motivation. Die äußeren Teile der Aura zeigten eher äußere, oberflächliche Emotionen, Zustände und Tätigkeiten.

Bei Betrachten einer Bildfolge erklärte Argus den hauptsächlichen Tagesablauf einer Person und wie sich dementsprechend die Farben der Aura veränderten. Dann wurde eine fünfköpfige Familie mit ihren individuellen Auraveränderungen gezeigt, beim Kirchgang, beim Essen und am Strand. Ich war fasziniert zu sehen, wie sehr sich alle voneinander unterschieden und wie verschieden sie in gemeinsamen Situationen reagierten und sich benahmen.

All dies kondensierte sich zu der tiefsten, inneren Charakteristik des Individuums. Man konnte fast voraussagen, wie sie sich in bestimmten Situationen verhalten würden. Ein Blick auf die Aura erlaubte es, die moralische Einstellung, das innere Gleichgewicht, die Charakterstärke, die Wertorientierung, den Entwicklungsstand zu beurteilen.

Das heißt, leicht war dies für jemand wie Argus oder die zentrale Intelligenz einer Untertasse. Auch ich konnte zwar im allgemeinen die Farben und Muster der Aura begreifen, aber sie in ihrer ganzen Tiefe zu erfassen, war eine Wissenschaft für sich. So konnte jedes Individuum aus der Menge heraus selbst von der Ferne identifiziert werden. Aber um augenblicklich jemandes subtilere Geistesverfassung oder seine Gesamtheit zu erfassen, war entschieden eine Arbeit für Spezialisten. Auf jeden Fall wußte ich jetzt wenigstens, warum ich vom Raumschiff, aus so großer Entfernung herausgesucht und getestet werden konnte.

Argus sagte, daß manche Erdenmenschen zum Teil fähig sind, die Aura zu sehen, manche entwickeln diese Fähigkeit in höherem Grad. Bei den Menschen dieser Dimension war dies jedoch eine natürliche Fähigkeit. Sie konnten Auren sehen, wenn sie sich bewußt darauf abstimmten, und sie konnten sich darüber auch ein allgemeines Urteil bilden. Argus brachte dann einen durchschnittlichen Erdenmenschen und einen durchschnittlichen Menschen dieser Dimension auf den Bildschirm, Seite an Seite.

Das Auramuster des Letzteren war im allgemeinen gesünder, kräftiger, stärker profiliert, wo es mentale und psychische Eigenschaften betraf. Anhand dieser Illustration erklärte Argus die sieben Kraftzentren des Körpers. Er sprach darüber, wie diese Kraftzentren von sich aus starke Vibrationen erzeugten, wenn sie ausreichend funktionierten. Bei dem Erdenmenschen funktionierten diese Zentren entweder sehr schwach oder überhaupt nicht. Ich erfuhr, daß die Intensität der Kräfte in diesen Zentren das Gesamtwesen auf ein tieferes oder höheres Niveau plazierte. Offensichtlich hatten meine 'Verstärker' – Helm und Gürtel – diesen Zweck: Sie trugen dazu bei, meine Schwingungsfrequenz zu erhöhen, indem sie diese Kraftzentren verstärkten, damit mein Körper und mein Geist eine zeitlang in dieser Dimension funktionieren konnten. Argus sagte, daß dieser Zustand aber nicht auf die Dauer beibehalten werden könnte, selbst nicht trotz der Veränderung der chemischen und molekularen Struktur meines Körpers, die das Ergebnis meines Besuchs in Tibet war.

Nun, nachdem wir auf diese Weise Menschen diagnostiziert und analysiert hatten, fragte ich Argus, wie sich ein Individuum zum Besseren hin verändern könnte. Es gäbe hierfür drei Wege, sagte er: Erstens müsse man beginnen, vernünftiger, einfühlsamer, positiver zu leben, zweitens, die Wahrnehmungsfähigkeit des Bewußtseins zu steigern, und drittens, die Schwingungsfrequenz zu erhöhen. Es spiele dabei keine Rolle, womit man beginnt, denn jede Veränderung auf einem Gebiet ziehe eine solche auf den anderen Gebieten nach sich. Denn alle diese Aspekte seien letztlich nur verschiedene Ebenen des gleichen Stoffes.

Was haben nun diese Schwingungen mit dem Körper und den Lebensfunktionen eines menschlichen Wesens zu tun?, fragte ich. Argus erklärte, daß alles in seiner eigenen speziellen Schwingungsrate vibriert, jedes menschliche Wesen eingeschlossen.

„Ein menschliches Wesen ist nämlich viel mehr als nur eine biochemische Maschine, die durch die Gene der DNS-Moleküle erzeugt wird. Jenseits der codierten Gene und der Biochemie hängt unsere Form und Funktion von unfaßbaren Organisationsfaktoren ab, die sich durch Energiemuster, sogenannte Vibrationsfelder, manifestieren." Er fuhr fort: „Innerhalb des umfassenden Vibrationsfeldes eines menschlichen Wesens gibt es ein sogenanntes 'Lebensfeld' oder 'ätherisches Feld', das die Atome, Moleküle, Zellen und Organe steuert. Eine Änderung der Schwingungskraft der untergeordneten Felder verändert Molekularstruktur und Chemie, und diese ihrerseits wieder das ganze menschliche Wesen."

„Du hast gesehen, wie verschiedenartig die Veränderungen sind. Als Ergebnis kann sich die Existenz verschiedener Dimensionen, die Verwirklichung menschlichen Potentials, die Entwicklung von Kräften außersinnlicher Wahrnehmung einstellen. Innerhalb enger Grenzen können auch die Erdenmenschen bereits das Vibrationsprinzip in Tätigkeit sehen, denn es ist Gemeinwissen, daß Wärme, Klang, Licht, Tele-Kommunikation, Atomstrahlung sich lediglich durch ihre Schwingungsrate unterscheiden."

„Wie ich sagte, wird Deine chemische Beschaffenheit und die Natur des 'Funktionierens' von einem übergeordneten 'ätherischen Feld' gesteuert. Dieses wiederum wird aber durch einen noch unfaßbareren organisierenden Faktor bestimmt, der völlig außerhalb der menschlichen Reichweite liegt, das sogenannte 'Kausalfeld'. Es ist dies das Feld, das in der Tat das 'ätherische Feld' produziert, und ebenso das gleichzeitig existierende 'mentale Feld'.

Diese beiden wiederum erzeugen jeweils Körper und Geist. Medizinisch kurieren wir unsererseits nicht durch bloße physische oder psychologische Behandlung, sondern beginnen den Heilungsprozeß ab der Wurzel, nämlich durch Felder-Ausgleich. Infolgedessen haben wir kaum ernstere Gesundheitsprobleme, auch ist unsere Lebensspanne ein gut Teil länger."

„Wir können auch verschiedene andere Veränderungen an den ätherischen und mentalen Feldern vornehmen, durch technische oder psychische Mittel. Doch große Veränderungen von Dauer können durch diese Mittel nicht erzielt werden. Das Kausalfeld, das Deinen gegenwärtigen 'status quo' aufrecht erhält, würde dies nicht erlauben, es sei denn, es geschähe durch einen natürlichen Vorgang des Wachsens und der Entwicklung. Dieser natürliche Prozeß ist in Wahrheit ein schrittweises Sich-Entfalten, bis zum höchstmöglichen Potential, was übrigens allen lebenden Dingen gemein ist. Sogar die kosmische Entwicklung geschieht auf die gleiche Weise, Schritt für Schritt, in bestimmten Zyklen. So führen zum Beispiel die Zyklen eines Planeten von rohen, primitiven Bedingungen hin zu immer verfeinerteren Verhältnissen in jeder Beziehung. So ein Sprung von einem zum nächsten Zyklus mag wie ein schockierender Quantensprung erscheinen, wie es Eure prähistorischen, geologischen, zyklischen Veränderungen oder Eure drastischen klimatischen Wechsel sind. Die Mißachtung solcher zyklischer Veränderungen geschieht auf eigene Gefahr: entweder Du erfrierst oder röstest, oder teilst das Schicksal der Dinosaurier."

„Der Planet Erde ist jetzt einem solch drastischen Zyklenwechsel sehr nahe. Innerhalb höchstens einer Generation wird der nächste Zyklus bereits begonnen haben, und zwar in einer Dimension, die von Euren derzeitigen irdischen Bedingungen sehr verschieden ist. Es wird der Beginn des Goldenen Zeitalters sein, eine wahrhaft sensible und herrliche Welt auf einem viel höheren Schwingungsniveau. Unglücklicherweise funktioniert Eure gegenwärtige Welt noch auf einem sehr niedrigen Schwingungsniveau, auf einer heuchlerischen Basis des gegenseitigen Sich-Auffressens. Wenn es in der kurzen noch verbleibenden Zeit nicht zu umfassenden Verbesserungen konmmt, wird diese unvermeidliche Veränderung eine Menge Unheil von globalem Ausmaß mit sich bringen. Die drastische Schwingungserhöhung des kommenden Zyklus wird mit der psychischen Vergiftung zusammenstoßen, die sich über die Erde ergossen hat und einen heftigen Zusammenbruch verursachen. Obwohl es sich im Grunde um einen Reinigungsprozeß handelt, werden dabei unvermeidliche Elementarkräfte frei, die zu einem Zusammenbruch der niedrig und eng denkenden Menschen führen, und auch politischen Aufruhr, vernichtende Kriege und Natur-Kataklysmen verursachen. All dies produziert dann wieder noch mehr psychischen Fall-out, der auch auf uns in anderen Dimensionen einwirkt, was wir lieber vermieden wissen wollten.“

„Es ist selbstverständlich, daß ein friedlicher Übergang in den neuen Zyklus für alle, die es betrifft, viel segensreicher wäre. Und das ist der Grund, warum wir von dieser Dimension auf der Bildfläche erscheinen. Schon seit langer Zeit bemühen wir uns, die irdischen Bedingungen zu verbessern.“

„Außerdem stehen wir mit einer großen Flotte riesiger Raumschiffe bereit, um so vielen Menschen wie möglich Hilfe anzubieten, falls die befürchteten umfassenden Verwüstungen keine andere Wahl übrig lassen. *Es wird aber nur ein kleiner Teil der Bevölkerung sein, der fähig sein wird, zu überleben und sich den erhöhten Schwingungen der neuen Dimension anzupassen.* Es werden dies ausreichend höher entwickelte Menschentypen sein, die den durch Verstärker unterstützten Übergang weg von der bisherigen Erd-Dimension durchführen können. Im Notfall können diese feineren Wesen durch 'Aura-Entdeckung' von den Raumschiffen ermittelt und auf verschiedene Weise an Bord genommen werden.

Wer willens und geeignet ist, sich der neuen Dimension anzupassen, wird dann zu einem anderen Planeten namens ‚Nova Terra' (Neue Erde) gebracht, der sich jetzt in Vorbereitung befindet und in seiner Dimension zwischen der Eurigen und der Unseren liegt. Als Deine Untertasse in diesem Zwischenzustand an Bord des Mutterschiffs ging, bekamst Du bereits eine Ahnung von diesem erd-ähnlichen Planeten. *Das ist der Ort, wo die Überlebenden bleiben werden, bis sie genügend fortgeschritten sind, um auf einem höheren Schwingungsniveau leben zu können – und bis die Erde gereinigt ist und sich der höheren Schwingung der neuen Dimension angepaßt hat, bereit, von der verbesserten Menschenrasse von Nova Terra wieder besiedelt zu werden."*

Von der Wucht der Worte Argus' war ich bis ins Innerste getroffen. Ich brauchte unbedingt etwas zu trinken. Darauf gab es noch einige Punkte zu klären, was Argus auch entgegenkommenderweise tat.

„Der neue und verbesserte menschliche Grundstock bleibt nur während der Übergangsperiode auf Nova Terra, dem zeitweiligen Rettungsplaneten. Der Grund für die vorgesehene Rückkehr ist, daß die Erde nach alldem die wahre Heimat bleibt, mit ihrer eigenen Entwicklung und Bestimmung."

„Die Erdenmenschen sind eine fantastisch verschiedenartige, teils wertvolle Rasse mit vielen beachtlichen und vollwertigen Eigenschaften und Möglichkeiten, und wirklich der Rettung wert. Übrigens ist die künftige Bestimmung dieser Dimension eng mit der Erdenmenschheit verbunden."

„Nachdem wir in der Lage sind, Euren Leuten zu helfen, gibt es nach unserer Ethik keine Möglichkeit, diese Hilfe zu verweigern. Und schließlich haben wir in dieser Sache auch gar keine andere Wahl: Eine mächtige Kraft über uns, die wir die 'Wächter' nennen, wünscht, daß wir helfen. Es sind dies die älteren Brüder der gesamten Menschheit, die Verwalter des Universellen Gesetzes."

„Warum dann dieses ganze Versteckspiel bei all den UFO-Aktivitäten auf der Erde? Warum nicht alles in einem weltweit publizierten öffentlichen Kontakt klarlegen?" fragte ich.

„Weil wir nicht dazu berechtigt sind, in derart drastischer Weise einzugreifen", sagte Argus. „Nicht, wenn es nicht unbedingt nötig ist. Denk an die riesige psychologische Wirkung, die eine Massenlandung von uns verursachen würde. Es wäre eine unberechtigte Einmischung in die irdische Entwicklung, die nur die Erdenmenschen allein voranzutreiben haben. Doch versuchen wir laufend, Erdkatastrophen und drohende Kriege abzuwenden, und dies mit den geringsten und unauffälligsten Mitteln, in der Hoffnung, Zeit zu gewinnen für einen etwas friedlicheren Übergang in den neuen kosmischen Zyklus. Und tatsächlich besteht bis jetzt die Hoffnung auf ein friedliches Heraufdämmern des 'Wassermann-Zeitalters'."

„Auch wollen wir Eure Leute über die Wahrheit unserer Anwesenheit in Kenntnis setzen und ihre Aufmerksamkeit auf die Tatsache lenken, daß die Erdenmenschen nicht allein im Kosmos sind, und auch sicherlich nicht die am höchsten Entwickelten. Aber aus den schon genannten Gründen ist es besser, die Wahrheit zunächst einsikkern zu lassen und nur stufenweise vorzugehen. Übrigens sind einige unserer entfernteren Verbündeten, die 'Ätherischen', am besten geeignet, um diese allmähliche Infiltration zu besorgen. Sie selber zeigen sich kaum einmal, aber sie tun eine ganze Menge für die Erdenmenschen mittels telepathischer Übermittlungen."

„Auch gibt es viele UFO-Sichtungen, sowie vereinzelte Kontakte. Manche Kontaktler mögen verschiedene Flüge mitgemacht haben. Es ist in jedem Einzelfall etwas verschieden, denn es sind sehr verschiedene Arten von UFOs, und sie kommen auf verschiedene Weise und in verschiedener Form. Das beruht darauf, daß neben der Psychischen Föderation in unserer galaktischen Allianz viele andere Sternsysteme existieren, deren Kulturen sich stark voneinander unterscheiden. Da Du all das nicht in ein paar Tagen sehen kannst, mußten wir uns eine Möglichkeit ausdenken, Dich wenigstens über einige unserer charakteristischen Wege zu unterrichten.

„Darum brachten wir Dich auf eine besonders unkonventionelle Weise hierher auf diesen besonderen Planeten: Um Dir den größtmöglichen Überblick zu verschaffen, verbunden mit möglichst vielen Erfahrungen aus erster Hand. Andere Erdenmenschen mögen andere Kontakte gehabt, andere Reisen gemacht, anders abgefaßte Botschaften erhalten haben. Aber das Wesentliche all dieser Bemühungen ist immer und überall dasselbe: *Erdenmensch ändere dich, oder du gehst zugrunde!*"

„Was Dich und Deinesgleichen angeht, so ist mein Rat, Deine eigene Umformung weiter zu betreiben, damit Du Deinen Weg in das neue goldene Zeitalter gehen kannst. Möglichkeiten hierzu wirst Du finden, wenn Du es wirklich willst."

„Sag es Deinen Freunden, sag es so vielen Menschen wie möglich, was Du auf dieser abenteuerlichen Reise erfahren hast. Zu je mehr Leuten Du sprichst, umso besser ist die Chance für eine Neuorientierung auf breitester Basis. *Manche Leute, die Erfahrungen mit uns hatten, haben es der Presse berichtet oder hielten Vorträge oder schrieben sogar Bücher darüber.* Es liegt voll und ganz bei Dir, ob Du redest oder nicht. Das ist alles, was ich Dir sagen wollte..." *

Ich schwieg. Ich wußte auch nicht, was ich hätte sagen können. Ich war überwältigt von der Flut von Enthüllungen dieser Lektion. Ja, ich zweifelte sogar, ob ich jemals aus all dem klarkommen würde.

„Damit wird wohl mein Aufenthalt zu Ende sein", brach ich das Schweigen.
„Ja, nachdem Du das Wesentliche von dem, was hier war, gesehen hast. Bald wirst Du nach Hause auf den Planeten Erde zurückgebracht. Das aber wird von jemand anderem bewerkstelligt."

Argus erhob sich. „Er muß nun da sein, so bringe ich Dich jetzt besser nach oben, für weitere Informationen."

Wir nahmen den Aufzug ins Penthouse. Argus klopfte an eine verzierte Tür, öffnete sie, um einen Blick hineinzuwerfen, und wandte sich dann wieder an mich.

„Geh nur hinein. Kommandeur Spectron erwartet Dich schon." Er trat zur Seite, erhob die Hand und verabschiedete mich herzlich.

„Gute Reise, und Friede sei mit Dir, Bruder..." sagte Argus leise.

*

* Vergleiche die rund 50 Buchtitel im „Vademecum-Katalog" des VENTLA-Verlags. D. H.

Als sich die Tür hinter mir schloß, fand ich mich in einer eindrucksvollen, geräumigen und luxuriösen Suite. Die Wände waren getäfelt, Bücherschränke standen davor, so daß der Raum den Eindruck eines exklusiven Clubs machte.

Ein großer, blonder Mann stand mir gegenüber in einer Ecke mit ledernen Armsesseln. In seiner elegant geschneiderten Uniform sah er aus wie der hohe Admiral einer Weltraumflotte. Ein mir vertrautes Medaillon hing ihm auf der Brust. Mit einem warmen Lächeln bat er mich, Platz zu nehmen.

Die Überraschung warf mich fast um. Der Mann war niemand anders als Quentin, der mysteriöse Kontakt auf der Psycho-Ausstellung in Toronto vor einem halben Jahr.

„Das ist aber schön, daß wir uns hier sehen!" gelang es mir zu sagen.
„Ganz meinerseits." Er nahm zwei Gläser vom Sideboard und gab mir eins davon.

„Dann wollen wir trinken."

Der Brandy schmeckte ausgezeichnet. Um meine Haltung wiederzufinden, ließ ich meinen Blick über die vielen Tausende von Büchern schweifen, die die Regale vom Boden bis zur Decke füllten.

„Falls Sie es wissen möchten", bemerkte Quentin, „das sind Kopien irdischer Bücher, die meisten für den Gebrauch von Besuchern, zum Teil aber auch zur Zierde."

Meine Augen ruhten nun auf Quentin. Welch eindrucksvolle Erscheinung, und welch persönlicher Magnetismus!

„Nie hätte ich Sie mir als Psycho-Weltraum-Kommandeur vorgestellt", nahm ich die Rede wieder auf.

„Gestern sagte Argus, Sie wären gar nicht hier."
„Er sagte die Wahrheit. Zu der Zeit war ich auch wirklich
nicht hier. Ich bin aber kein 'Psychiker', sondern ein Bera-
ter von Spektron. Ich kam nämlich aus einer anderen Dimension. Unter anderem ist es meine Aufgabe, geeignete
Besucher hierher zu bringen, und so bekam ich den dazu
passenden Titel: Commander Spectron."
„Oh, ich verstehe. Aber wenn Sie diese Aufgabe haben,
was ist dann Argus' Rolle?"
„Seine Rolle besteht hauptsächlich darin, Koordinator
und Gastgeber zu sein, aber erst, nachdem für den vorgeschlagenen Besucher die 'Sicherheits-Freigabe' erfolgt
ist. Argus ist Stabsoffizier der Psychischen Weltraumflot-
ten-Intelligenz."
„Und deshalb kümmert er sich um kosmischen Verkehr
und 'Kreuzfahrten'?"
„So ist es. Kein Wunder, daß er sich unbehaglich fühlt,
wenn er bei seinen psychischen 'Gesinnungsprüfungen'
auf verschlossene Gemüter stößt."
„Prüfungen so wie bei mir?"
„Ja. Aber mach Dir keine Sorgen. Denn du kamst gut dabei weg, in mehr als einer Hinsicht."
„Danke! Und ich genoß sogar die letzten Prüfungen
durch die Leute am Swimming-Pool, die im Gewand von
Spiel und Spaß stattfanden. Allerdings sehe ich gar keinen
Grund mehr hierfür, da mein Besuch hier ohnehin zu En-
de ist."
„Ja, bald kehrst Du zurück auf den Planeten Erde. Das
heißt, wenn nicht... wenn Du nicht noch eine andere
Reise noch weiter weg unternehmen willst."
„Und wohin sollte das sein?"
„Eine Reise, um das Konzil zu sehen, wenn Du willst. Wir
bekamen schon Hinweise, daß sie interessiert wären,
Dich persönlich zu sehen."
„Oh, das würde mich freuen."
„Freut mich zu hören. Aber es ist nicht so einfach, in der

Tat. Die Reise ist ziemlich gewagt. Nach unseren Beobachtungen wärst Du fit für eine solche Reise, und die Gefahren würden auf ein Minimum reduziert. Immerhin aber müßte es auf völlig freiwilliger Basis geschehen."

„Zählen Sie nur auf mich. Was habe ich schließlich zu verlieren?"

„Deine Gesundheit, vielleicht sogar Dein Leben. Die Möglichkeit einer solchen Eventualität ist allerdings sehr gering. Aber sicherlich müßtest Du Dich einer Persönlichkeitsveränderung unterwerfen. Sehr wahrscheinlich zum Besseren. Du würdest nicht mehr derselbe sein."

Ich zögerte eine Weile und hob dann die Schultern. – „Neugier war der Katze Tod. Ich möchte gehen."

Quentin lächelte. „Ich wußte, daß Du ja sagen würdest. Dann ist alles klar. Sofort nach unserem kurzen Gespräch hier kannst Du abreisen."

„Übrigens, was ist dieses Konzil?" Ich wollte einige Einzelheiten herausfinden, so lange die Sache hier so gut lief.

„Es ist das Konzil der Wächter. Es besteht aus den älteren Brüdern der Menschheit, im Bereich all dieser Dimensionen. Deine Welt ist eine von diesen vielen Universen, und ebenso ist es diese Welt hier, und auch meine eigene ferne Welt in wieder einer anderen Dimension."

„Ältere Brüder? Ähneln sie denen, die in der Geschichte die 'Raumbrüder', die 'Alten', die 'Große Weiße Loge', oder wie immer genannt werden?"

„So ungefähr, aber nicht ganz. Übrigens, Namen oder Ideen spielen keine Rolle, nur das Wesentliche. Deshalb wollen wir sie der Übereinkunft halber einfach die 'Wächter' nennen."

„Ich vermute, sie sind nicht auf diesem Planeten. Leben sie wieder in einer anderen Dimension?"

„Mit Dimensionen haben sie nichts zu tun. Du kannst sie in jeder Dimension des Omniversums finden. Sie leben und fungieren 'außerhalb' der Strukturen dieses Weltraums, in den höchsten Regionen einer völlig unstofflichen Ebene. Du siehst, es sind unverkörperte Wesen, zum Teil sogar unmanifest...“ *

„Sie meinen, es sind eine Art Geister?“

„Nein, denn sie sind nie gestorben. Sie wurden unsterblich, weit zurück in der Vergangenheit, während sie noch im menschlichen Fleisch lebten. Da sie keine Körper mehr brauchten, wohnt ihr Bewußtsein in etwas, was Du mit 'Seelen-Essenz' bezeichnen kannst, physikalischen Bereichen unzugänglich. Dort überblicken sie das richtige Funktionieren und die Entwicklung unserer physikalischen Welten und führen, wo es nötig ist, kleinere Kursänderungen durch – vorausgesetzt die Veränderungen gehen konform mit dem gesamten kosmischen Plan.“

„Ja, und wie wissen sie, ob sie damit übereinstimmen?“

„Teils wissen sie es durch ihre Einsicht, die aus dem Großen unmanifesten Reich kommt. Teils erhalten sie ihr Wissen durch gelegentliche Konsultation mit den aufgestiegenen Meistern, wenn die Bedingungen günstig sind.“

„Was verstehen Sie unter unmanifest?“

„Das völlig Unerreichbare für jede Art von Welt oder Kreatur, sei sie nun physisch oder nichtphysisch. Doch das Unmanifeste existiert auf eine sehr mächtige Weise. Manche ziehen es vor, es das Kosmische Unbewußte zu nennen.“

„Dann regieren diese Wächter den ganzen Kosmos?“

„Nein, sie regieren nur die Reiche der Menschheiten. Es gibt noch viele andere Systeme, Dimensionen, Universen, mit verschiedenen fremdartigen, nicht-menschlichen Lebensformen, die wieder ihre eigenen leitenden Hierarchien für sich haben.“

* Hier sei an „Engel in Sternschiffen“ erinnert. D. H.

„Wer ist dann aber wirklich überall?"

„Darüber haben wir keine exakten Fakten, nur subjektive Ideen. Wenn man zum Letzten gelangt, gibt es keine einfachen Antworten mehr. Der sich selbst erkennende Kosmos ist unergündlich, dynamisch, in steter Entwicklung begriffen, so wie er sich aus den Tiefen Gottes entfaltet..." *

„Warum belasten sich diese Wächter mit der Sorge um unsere physikalischen Universen?"

„Weil ihre Welten so etwas wie ihre Gärten sind. Je gesünder und glücklicher wir sind, desto schöner ist es für sie. Sie sind wie künstlerische Gärtner, die ihr Talent dazu benutzen, Böses fernzuhalten und das Gute gedeihen zu lassen."

„Es können aber doch auch böse Kräfte sein, die sich nur zum Schein wohltätig gebärden."

„Nun, das ist nicht der Fall. Ihr wohltuendes Wesen wird durch ihr Tun zur Genüge deutlich. Natürlich kannst Du wirklich nicht für Deinen Argwohn getadelt werden. Die unterentwickelten Gebiete der Erde empfinden gegenüber den Gesten reicher Länder oft das gleiche. Nun fürchtest Du, wir könnten vielleicht ein 'Trojanisches Pferd' irgendeiner bösen Kraft aus dem Weltraum sein. Nun, wir haben keine Wahl als unsere Erd-Mission weiter zu betreiben. Du siehst, wir wollen nicht, daß andere, vielleicht unbarmherzige 'Fremde' uns in unserem eigenen 'Hinterhof' zu einem Kontakt treiben. Glaube mir, es gibt dort draußen manche tödlichen Kräfte. Deshalb ist es ganz logisch für uns, an unserer eigenen Art festzuhalten, wie in einem interkosmischen Commonwealth von Menschlichkeit."

Das alles klang sehr einleuchtend. Ich war geneigt, es zu glauben – oder auch leicht daran zu zweifeln, denn in die-

* Vergl. „Sieben Himmelsstufen", Urgemeinde-Verlag, Postf. 13 01 85, D-6200 Wiesbaden 13

sem Stadium konnte die Sache weder bewiesen noch widerlegt werden.

Quentin fuhr fort. „Auch ist auf der Ebene der nackten Tatsachen keine Lüge möglich, und auch keine Notwendigkeit hierfür. Daß die Wächter mit den Mächten des Lichtes sind, ist ganz offenkundig, genauso wie die offene Feindseligkeit der arroganten 'Dunklen Kräfte'. Tatsache ist, daß das nackte Böse ganz der entsprechenden Mentalität zugehört, selbst im Gewande der Freundlichkeit."

„Anstatt tätig zu sein, könnten doch diese Wächter in irgendeine Art von Paradies gehen und sich nur selbst vergnügen?"

„In der Tat könnten sie das, denn sie erwarben das Recht auf ewige Segnungen. Aber sie ziehen es vor, 'außen' zu bleiben, im sich entfaltenden Kosmos, um uns vor den zerstörerischen, bösen Kräften zu schützen, um uns in unserem sich einfaltenden Wachstum zu lenken, um uns unnützes Leiden aufgrund von Unwissenheit in rückständigen Bereichen zu ersparen – ähnlich den Arbeitern eines himmlischen 'Friedencorps', indem sie uns positive und wirkungsvolle Möglichkeiten zu beglückender Kreativität aufzeigen. So führen sie ihre Tätigkeit fort, bis wir alle von Unwissenheit befreit sind und in eine uns angemessene 'Beinahe-Vollendung' hineingewachsen sind."

„Dann sind allem Anschein nach die Meister aus all diesem heraus."
„Nicht ganz. Obwohl sie in unvorstellbare Höhen aufgestiegen sind, die nicht mehr länger diesen Welten angehören, bleiben sie doch in Berührung mit den Wächtern."

„Bei der Gelegenheit, warum sind wir eigentlich nicht gleich vollkommen erschaffen worden?"
„Aber wir sind es doch in gewisser Weise. Wir waren vollkommen als Babys, unbeschriebene Blätter. Später dann können wir nur wachsen in Richtung auf Vervoll-

kommnung von Charakter, Wissen, Liebe, durch die Erfahrungen unzähliger Jahre. Und um dieses beständige Wachsen dreht sich unsere ganze Existenz. Der wahre Lebensprozeß ist mehr das Produkt, weniger das schließliche Ergebnis. Jede Erfahrung, gleich auf welcher Ebene, ist wichtig; jeder Augenblick ist unvergleichlich einzigartig."

„Wenn unser derzeitiges 'hier und jetzt' genauso wichtig ist wie das einer mächtigen kosmischen Einheit, warum dann nicht einfach nur in Muße sich weiterentwickeln? Warum diese Eile, uns zu verbessern?"

„Weil die Zeit nun um ist in diesem Euren jetzigen Zyklus und drastische Veränderungen unmittelbar bevorstehen. Es gab zu viele falsche Anfänge und Zusammenbrüche in der nicht überlieferten Vergangenheit Eures Planeten. Die Erdenmenschen können nun die wahre Richtung des Wachstums des Lebens nicht mehr länger ignorieren. Ihr könnt nicht weiterhin Eure destruktiven Macht-Spiele betreiben und Euch vor dem echten Fortschreiten drükken, wenn Eure Rasse nicht untergehen will wie die Dinosaurier in der Frühzeit Eurer Geschichte. Ihr habt die Wahl zwischen der nun beginnenden Anpassung oder der Auslöschung. Ihr könnt nicht weiterhin die Möglichkeit ignorieren, in der nahen Zukunft von der einen oder anderen raumfahrenden Superzivilisation kontaktiert zu werden. Ihr müßt beginnen, zivilisiert zu handeln, Ihr müßt auch die gegenwärtigen engen Denkstrukturen überwinden und ausweiten und viele verschiedene neue Tatsachen in Euch aufnehmen. Ihr könnt auch nicht Euer eigenes mächtiges Potential für eine viel höhere Lebensart ignorieren, höher, als Ihr sie jemals erträumt habt – doch Eure Leute wälzen sich immer noch im Schmutz von primitivstem Materialismus und Provinzialismus. Ihr könnt die kommenden zyklischen Veränderungen und die größer werdende Schwingungsrate eures Planeten nicht ignorieren, die nur Menschen mit einer höheren Denkweise zu überleben fähig sein werden."

„Nun, das ist mir völlig klar, daß wir ein gesünderes und konstruktiveres Wertsystem brauchen."

„Ja. Aber jeder Aspekt des Lebens ist wichtig an seinem Platz, deshalb braucht es einen weltweiten Ausgleich und eine ganzheitliche Auffassung. Denn Eure physische Natur, Euer Menschsein, ist nicht weniger wichtig als Poesie und Geistigkeit."

„Ich denke, Ihre Botschaft ist klar: 'Erdenmensch, formiere dich, oder du gehst zugrunde?'"

Schweigend saßen wir ein Weile da. Dann nahm ich das Wort wieder auf.

„Sie sagten, daß die Wächter in ihrer Seelenessenz auf einer Ebene existieren, die physikalischen Welten unzugänglich ist. Wie kann ich ihnen dann in meiner physikalischen Form begegnen?"

„Ich kann Dir das mechanische Vorgehen nicht sagen, aber Du wirst richtig dorthin gebracht. Ich kann Dir nur über meinen Teil dieses Vorgehens berichten. Doch zuerst muß ich mit einer etwas längeren grundsätzlichen Erläuterung beginnen."

„Ich bin bereit."

„Nun, das Zentrum dieser Galaxis, dem wir ziemlich nahe sind, ist ein sehr seltsamer, nebulöser Sektor undurchdringlichen Raums, genannt die 'Große Chaos-Barriere'. Raumschiffe aller Art versuchten hier durchzukommen, um zu den Sternsystemen auf der anderen Seite zu gelangen, ohne dieses Gebiet zu umfahren. Viele Raumschiffe wurden beschädigt oder gingen verloren in riesenhaften elektrischen Stürmen, als sie eine direkte Passage versuchten oder in den Außenbezirken nach seltenen Elementen fahndeten. Bis zum heutigen Tag ist diese Barrieren-Zone der geheimnisvollste und herausforderndste Sektor, den diese Galaxis jemals gekannt hat. In den weit ausgreifenden Spiralarmen der rotierenden und stetig dahindriftenden Chaos-Barriere ‚stolperten' unsere früheren Kundschafter gegen 'Fenster-Bezirke', die andere Universen verschiedener Dimensionalität freigeben.

Eines dieser Fenster öffnet sich in das irdische Sonnensystem Eures Universums. Du kamst durch dieses 'Fenster' auf der dem Kern der Barriere abgewandten Seite. Deshalb dauerte es auch verhältnismäßig lang, Dich auf diesem Umweg hierherzubringen. Wenn Du nun zurückkehrst, ist es diesmal durch dieses Fenster nur ein kurzer Sprung, denn es hat sich inzwischen verlagert und ist näher gekommen. Wie Du schon erfahren hast, ist es für unsere Leute schwierig und unbehaglich, in Euer dichtes System zu gelangen. Daher ziehen wir es vor, meistens unbemannte Raumschiffe zu benutzen. Übrigens hattest Du von der Barriere schon einen entfernten Eindruck: Es sah aus wie ein fernes Nebelgebilde, kurz nach Deinem ersten interdimenionalen Transit. Erinnerst Du Dich auch an die wilden elektrischen Stürme, durch die Du gegen Ende Deiner Reise nach hier gekommen bist, gerade einige Stunden vor der Landung auf unserem Planeten? Der Sturm wurde verursacht durch einen der weit herausgeschleuderten Spiralarme, der unerwarteterweise in Deine Reiseroute hineingeriet. Du hast Glück gehabt, das zu überleben!"

„Dann muß die Barriere doch nah genug sein, um den Himmel hier zu beherrschen. Doch ich erinnere mich nicht, sie während meines Landeanflugs gesehen zu haben."

„Nun, sie ist doch zu weit entfernt, um deutlich gesehen werden zu können. Dein Mutterschiff reiste unglaublich schneller als mit jeder üblichen Geschwindigkeit, indem es sie mit verschiedenen 'Raumsprüngen' kombinierte", antwortete Quentin und kam dann wieder zur Sache.

„Irgendwie bleibt das tiefste Innere der Chaos-Barriere immer noch völlig unbekannt. Entsprechend den Raum-Mythen unserer Galaxis existiert dort in den Tiefen dieser rasenden Stürme eine Art 'Phantom-Schiff', und dieses Schiff kann den mutigen Abenteurer in das 'Auge', in das Reich der Götter, bringen. Natürlich gilt das offiziell als reiner Unsinn, so wie für Euch die UFOs etwas Unfaßbares darstellen. Offiziell gilt die ganze Barriere als unbefahrbares Mysterium. In Wirklichkeit aber existiert das Phantomschiff tatsächlich. Bekannt ist dies nur einer Auswahl Weniger, aber nicht der großen Menge, entsprechend dem Wunsch der Wächter. –

Freund, das Mutterschiff, das Dich hierherbrachte, wird Dich nun in die äußeren Bereiche der Chaos-Barriere bringen, in die Nähe des Spezialschiffes für die Besucher der Wächter, das Phantom-Schiff. Während des Aufenthalts in der Untertasse und in dem Trägerschiff gibt es nichts zu essen oder zu trinken für diesen einen Tag der Reise, nur eine Art reinigender Substanz zum Kauen. Entleere Dich vor Deinem endgültigen Transfer in der Untertasse. An Bord des Phantomschiffes suche dann Dein Dir zugewiesenes Abteil auf, lege all Deine Kleidung ab und ziehe nur den passenden Anzug an, dann nimm unmittelbar darauf Deinen Platz ein. Dann wird Dich das Schiff in die Transferzone des 'Auges' bringen, wo alles Weitere von Kräften und Vorgängen besorgt wird, die selbst den Gehirnen der Psychischen Flotte unbekannt sind. – Das ist die Geschichte. Die Information ist zu Ende, und Du kannst nun bald auf dem Weg sein..."

10. Kapitel

Vom Nullpunkt an rückwärts

Voll beladen mit sieben Untertassen flog uns das Trägerschiff nach irgendwelchen Spiralarmen, dicht an die ehrfurchtgebietende 'Nebula'-Barriere. Sechs andere lagen
bereits an ihren Ankerplätzen, als ich an Bord des Mutterschiffs ging, und sie lagen auch noch dort, als die Zeit für
meine kam, um mit mir wieder wegzufliegen.

Mein Raumschiff flog mich direkt in die stauberfüllten,
stürmischen, turbulenten Räume des 'Großen Chaos'.
Die Fahrt war ungefähr zwei Stunden lang so rauh und
heftig, daß ich mich buchstäblich anklammern mußte.
Dann erblickte ich eine verschwommene, dahintreiben-
de, einer Fata Morgana ähnliche Form, die das 'Phantom-
Schiff' sein mußte. Wir flogen in weitem Bogen um den
Ort herum, wo es sich befinden mußte, obwohl es schwer
war, seine Position oder seine exakte Form auszumachen, eben wegen der bestehenden Verzerrungen und
Turbulenzen. Dann aber hatte ich für einige Minuten eine
verhältnismäßig klare Sicht darauf.

Das Phantom-Schiff glich ungefähr einem riesigen, opa-
ken, gallertartigen 'Fisch', in viele Abschnitte unterteilt
wie eine Ringelflechte, vervollständigt durch einige 'Flossen' aus glasartiger Substanz und einer Anzahl raketen-
ähnlicher Rohre, die aus seinem 'Schwanz' herausragten.
Was sein Kopf zu sein schien, war eine große nasenartige
Kuppel, umgeben von sieben torpedoähnlichen Öffnun-
gen, die aus schrägen Luken herausragte.

Nun öffnete sich die Unterseite des Phantom-Schiffs und
entließ einen Diskus, der schnell außer Sicht kam. Ein anderer Diskus erschien an der Außenseite, hüpfend und
schaukelnd, offensichtlich in der Absicht, in die Öffnung

hineinzugelangen – was nahezu unmöglich aussah. In diesem Augenblick kam aus dem Innern ein purpurfarbener moireeartiger Lichtstrahl heraus, offensichtlich ein netzartiger hineinziehender Energiestrahl, und holte die Untertasse ein. Bald darauf wurde sie wieder ausgestoßen, genauso wie die erste. Danach begann meine Untertasse in Richtung des Phantom-Schiffs zu flattern und zu schwanken, und nun wurden wir von dem Traktor-Strahl erfaßt und ins Innere gezogen. Sie öffnete ihre Tür, und ich trat auf einen abgedichteten, gewundenen röhrenartigen Gang. Er führte mich in einen runden Raum mit sieben undurchsichtigen Abteilen. Zwei davon waren schon besetzt, aber ein leeres war geöffnet, offensichtlich für mich.

Als ich drinnen war, schloß sich das Abteil nahtlos hinter mir. Ich legte Verstärker, Schuhe und meinen silbernen Raumanzug ab und legte einen anderen, sich selbst schließenden Anzug an, den ich vorfand und der einem Taucheranzug nicht unähnlich war. Er war aus einem Stück mit dicken Sohlen, mit einer eingearbeiteten Gesichtsmaske, durch die ich irgendwie atmen konnte. Auch war er in Augenhöhe durchsichtig, weich, seidenartig, warm und genau passend ähnlich einer Schlangenhaut. Er phosphoreszierte phantomähnlich und wirkte irgendwie lebendig mit seinen schimmernden psychedelischen Mustern.

Ich setzte mich in den einzigen vorhandenen Lehnstuhl und schnallte mich an (eine Art verzwickten Harnischs). Danach erhob sich der Stuhl automatisch auf seiner konkaven halbzylindrischen Halterung, während ein anderer Halbzylinder von oben herabkam und in den ersten einrastete. Damit war ich nun in eine transparente geschoßförmige Kapsel eingeschlossen, die frei in dem torpedoähnlichen Abteil schwebte. Mein Blick ging auf eine schräge

Luke, doch konnte ich durch die halbtransparenten Wände auch in die anderen Richtungen sehen.

Inzwischen kamen und gingen vier weitere Untertassen, die offensichtlich weitere Passagiere an Bord brachten, so daß schließlich alle sieben Abteile besetzt waren. Das ganze Schiff stieß und bebte schon seit ich an Bord war. Doch innerhalb meiner Kapsel war keine Bewegung zu spüren. Kurz nachdem die letzte Untertasse wegflog, spürte ich, daß wir uns in Bewegung setzten und unterwegs waren.

Da hörte ich von irgendwoher eine körperlose Stimme.

„Willkommen an Bord des Phantom-Schiffes, meine Damen und Herren. Hier spricht Ihr Autopilot, das in das Schiff eingebaute Gehirn, wobei dieses Schiff in Wirklichkeit mein Körper ist."

„Denn dieses Schiff ist ein lebendes Wesen, keine feste und harte Metallkonstruktion. Mein Schiffskörper ist nur an vielen Stellen mit Metall belegt. Der Rest von mir sind organische Moleküle, Synthetics aller Art. Die synthetischen und metallischen Teile sind durch organisch-metallische Synapsen zusammengefügt. Diese neuronische Gliederung ist so gut, daß ich jeden Teil und jede Funktion meines Schiffskörpers fühlen kann. Mittels meiner vielen Tausenden von Sensoren kann ich die Verhältnisse außerhalb fühlen, selbst weit voraus in Fahrtrichtung. Man nennt mich ein 'quasi-bionisches Schiff' mit Namen das 'Phantom-Schiff' wegen der Beweglichkeit aller meiner vielen miteinander verbundenen Teile und wegen der in gewissen Grenzen möglichen Veränderbarkeit meiner Form. Ich wurde eigens hergestellt, um in diesen stürmischen und zerrissenen Räumen der Großen Chaos-Barriere zu navigieren, wo jedes konventionelle Raumschiff von fester Struktur schnell zerrissen oder zerdrückt und verformt würde wie eine Blechbüchse, oder es würde von selbst explodieren oder implodieren, sich selbst zerstören oder pulverisieren. Hingegen würde mein Schiffskörper außerhalb des 'Chaos' im sogenannten 'normalen Weltraum' nicht gut funktionieren oder lange Zeit überleben. "

„Meine Funktion hier ist es, physische Wesen wie Sie es sind, in das Innerste des Chaos zu bringen und wieder zurück. Unser Ziel liegt nahe dem Schwarzen Wirbel, hinter den nichts Physisches gelangen kann – wo auf der anderen Seite des 'Null-Punktes' der Kosmos sich in ein zeitloses und unendliches, aber völlig unphysikalisches Reich verwandelt, wo die Wächter und die Meister auf ihren höheren Ebenen zu Hause sind*. Sobald wir den Transfer-Sektor tief innerhalb des 'Auges' erreicht haben, werden Sie, eingeschlossen in Ihre Kapseln, in den schwarzen Wirbel geschleudert. Dort, am Nullpunkt, werden Sie übernommen und betreut durch die Mächte der anderen Seite. Durch einen unbekannten Prozeß der Metamorphose werden Sie dort befähigt, dieses nicht-physikalische Reich zu besuchen, während Sie in Ihrer gegenwärtigen Ganzheit bewahrt bleiben. Diese Ganzheit schließt natürlich Ihre voll organische 'Phantomhaut' mit ein, die Sie nun tragen als Strahlungsschutz, als Schwingungsverstärker, zur Erhöhung der Wahrnehmungsfähigkeit, zur Umwandlung und Verstärkung außersinnlicher Wahrnehmungen."

„Nun, alles Gute für Ihren Besuch der anderen Seite. Inzwischen erfreuen Sie sich an der Reise innerhalb der Großen Chaos-Barriere, bis es Zeit zum 'Übersetzen' ist. Ihre Kapsel schwebt innerhalb des zylindrischen Abteils in einem Kraftfeld, so daß Sie geschützt sind gegen die heftigen Stoßwellen des Raumes. Und, in diesem Zusam-

---

* Galaktischer Kern unserer Milchstraße. D. H.

menhang, ängstigen Sie sich nicht, wenn sich Teile des Schiffes biegen, oder die Form und Größe etwas verändern. Diese Wirkungen werden meistens durch das Ausgleichsfeld in der Kapsel neutralisiert, abgesehen von gelegentlichen kleinen Unannehmlichkeiten. Mein Schiffskörper reist auf einem Zick-Zack-Kurs, um seitliche Raum-Zeit-Verletzungen zu vermeiden, die von vorne kommen könnten. Wir reisen mit normaler Raumgeschwindigkeit, das ist ein Zehntel der Lichtgeschwindigkeit. Mein Antrieb und die inneren Energien stützen sich auf eine Kräfte-Vielfalt: Konventionelle Sub-Nucleonik, Energiefluß-Felder, Antigravitation, ja selbst auf eine alte Art von Feststoff-Brenneinheiten. Je nach den augenblicklichen Bedingungen benutze ich sie im Wechsel, denn es kann nicht nur einer einzigen Antriebsart vertraut werden."

„Und nun, gute Reise, im Namen der Wächter."

Damit schloß die Botschaft. Inzwischen waren wir endgültig unterwegs. Wir schlängelten uns und rasten wie in der Achterbahn durch wütende Infernos gewaltiger Explosionen, durch bedrohlich wirbelnde Gasmassen und wogende Staubstürme, durch ionisierte Plätze von Millionen explodierender Lichtblitze. Dieses tosende Inferno wurde stetig schlimmer und schlimmer, und wir wurden immer rauher und rauher umhergeworfen und geschüttelt, während draußen Farben, Strukturen und Muster beängstigend vorbeidrifteten. Bisweilen wurde meine schwankende Kapsel direkt an die Zylinderwand gedrückt, während ich mich krümmte, als mich Anfälle von Seekrankheit überkamen. 'Kleinere Unannehmlichkeiten', dachte ich, – lieber Mann!

Es war wirklich keine komfortable Vergnügungsfahrt. Oft mußte ich aus purer Angst die Augen schließen. Doch, in einem Winkel meines innersten Wesens fühlte ich mich fasziniert und von Ehrfurcht ergriffen. Ich könnte nicht sagen, wieviele Stunden auf diese Art verrannen, doch ganz plötzlich gerieten wir in einen unheimlich ruhigen Bereich, als sei es eine riesige Kugel von 'Nichts'.

Vermutlich waren wir im 'Auge' des Chaos angekommen. Wir blickten in eine fürchterliche Schwärze, einen wirbelnden Krater von astronomischer Größe. Das mußte der schwarze Wirbel sein. Er nahm rasch das ganze Gesichtsfeld vor uns ein, während seitlich und hinten das milliardenfache rasende Feuerwerk des Chaos seinen Tanz aufführte...

Plötzlich sah ich ein torpedoähnliches Objekt vom Schiff weg rasen und in Richtung des schwarzen Wirbels rasch kleiner werden. Offensichtlich begann das Phantom-Schiff, die Kapseln auszuwerfen. Wir mußten in der Transfer-Zone angekommen sein.

Nun raste eine zweite Kapsel dahin und kam außer Sicht. Dann fühlte ich ein plötzliches Taumeln und ich wurde in die große dunkle Leere hinausgestoßen, vor mir das schwärzeste Schwarz. Ich muß geflogen oder in wahnsinniger Geschwindigkeit frei gefallen sein, denn bald konnte ich von den dahinrasenden Farben des Chaos nichts mehr sehen, selbst wenn ich mir den Hals verrenkte. Nur ein schwacher Schimmer kam von der Vorderseite und den Wänden meiner gut zu erkennenden Kapsel zurück. Allmählich legte sich meine Aufregung. Es war ein unheimlich majestätisches Gefühl, durch dieses Nichts hindurch der 'Vorhölle' zuzueilen.

Da ergriff mich plötzlich Panik: Meine Kapsel begann sich zu schütteln um zu zerbrechen – und wurde vor meinen eigenen Augen zu Staub! Starrende Kälte umfing mich, als mein mit der schwach fluoreszierenden Phantom-Haut bekleideter Körper nun völlig ungeschützt im freien Fall begriffen war, seinem sicheren Ableben entgegen. Irgendetwas mußte fürchterlich schief gegangen sein...

Im nächsten Augenblick schien es mir, als würde ich durch eine Reihe seidener Netze hindurchbrechen, dann als würde ich durch starke kräftige Strahlen wie in einer automatischen Auto-Waschstraße besprüht. Mein phosphoreszierender Körper glühte auf, als irgend eine monströse Kraft mich zu Brei zu zermalmen schien. Nach einem starken Schmerz allüberall war mein Körper plötzlich weg, zusammen mit allen körperlichen Empfindungen.*

Ich nahm an, mein Körper hatte sich in seine Bestandteile aufgelöst, und ich würde gerade noch meine letzten Sinneswahrnehmungen registrieren. Dieser quälende Gedanke blitzte durch meine nun rasch schwindenden Sinne...

Das war also der Tod...

Dann nur noch Leere, und noch mehr Leere...

Seltsam! Es schien, als wären bereits nur ein paar Sekunen vergangen, doch ich sah noch den allmählich zusammenschrumpfenden schwachen Schein des fernen Chaos. Einige Augenblicke später, und dann umgab mich totale und absolute Dunkelheit, was auch immer dieses entkörperte 'Ich' gewesen sein mag.

Ich zweifelte nicht daran, daß etwas mit meinem Transfer mißglückt sein mußte und ich vollständig tot war. Ich konnte nichts anderes vermuten, da ich tatsächlich keinen Körper noch irgend eine Art körperlichen Gefühls

* Oscars Aussagen lassen darauf schließen, daß eine absichtliche Trennung von Feinstoff (Astralkörper) und physischem Leib im bewußten Zustand von den Wächtern herbeigeführt wurde. D. H.

mehr besaß. Und doch hatte ich den merkwürdigen Eindruck, daß ich selbst in diesem Zustand noch irgendwie 'sehen' konnte, vorausgesetzt, daß es hier überhaupt etwas zu sehen gab.

Immerhin existierte ich noch in irgend einer Form, was auch immer dieses 'Ich' sein konnte in dieser schweigenden Leere: gerade nur ein abstrakter Punkt von Ichbewußtsein, wahrscheinlich ein übriges Stückchen von Gedächtnisinhalten, oder was immer Ungreifbares von mir noch eine Weile überlebte, um sich ebenfalls bald in Nichts aufzulösen...

Große Traurigkeit, geistige Pein und Niedergedrücktheit überkamen mich. Ich fühlte mich so qualvoll niedergeschlagen, so daß ich die ganze verflixte Sache verwünschte, statt unter dieser schmerzlichen Zwecklosigkeit zu leiden. Ich wollte schlafen und nie mehr erwachen. Aber wie könnte ein Stückchen körperlicher Erinnerung schlafen gehen, ich hatte keine Ahnung. Doch bei meiner gefühlsmäßigen Erschöpfung war mir das egal, ob so oder so. Ich wollte nur, daß mein 'Ich' langsam dahindämmern sollte, als würde ich körperlich schlafen gehen. Da überkam mich tatsächlich Müdigkeit, in die ich gern einwilligte. Und dann war ich langsam, aber tatsächlich weg...

Als ich wieder aufwachte, war alles noch beim Alten, deshalb begann ich nun mit einer Runde von Gedankenspielen, indem ich mir alle möglichen Erinnerungen und erwähnenswerten neuen Ereignisse ins Gedächtnis zurückrief. Ich dachte sogar daran, daß ich später vielleicht meine Autobiographie schreiben, irgendwelche Musik komponieren könnte – natürlich nur im Geist versteht sich. Mein Geist schien dazu fähig, mehr Daten im Blickpunkt zu halten als normalerweise, und geistig mit Tatsachen zu jonglieren, fiel mir ebenfalls leichter.

So verbrachte ich, wie mir schien, in diesem Zustand mehrere Tage. Mein Denkvermögen verbesserte sich beachtlich, ich war allmählich sogar stolz darauf. Mit noch mehr Übung würde ich vielleicht sogar im Kopf ein ganzes Buch schreiben können, oder malen, komponieren, Gebäude errichten, Landschaften erschaffen...

Eine Welle des Entzückens überflutete mich. Gott sei gedankt! Die Schöpferkraft! Zunächst zwar Illusion, aber vielleicht konnte ich doch irgendetwas erschaffen... Immerhin, meine Vorstellungskraft konnte mein 'Ich' sogar so täuschen, daß es glaubte, selbst in einer solchen Welt zu leben: Es ist nur Übungssache, und die Zeit dazu hatte ich ja!

Ich begann fieberhaft an dieser Idee zu arbeiten, wie meine phantastische Wunschwelt zu planen, zu verfestigen und in greifbare Form zu bringen wäre – oder wie immer meine permanente Illusion greifbar gemacht werden könnte. Vielleicht sollte ich damit beginnen, Licht zu 'erschaffen'...

Nach einiger Überlegung und in Verbindung mit augenlosem Um-mich-blicken in dem schwarzen Nichts, nahm ich tatsächlich einen schwachen hellen Schimmer wahr, der von meiner eigenen Mitte ausging. Er existierte tatsächlich, es war nicht so, daß ich ihn mir nur einbildete. Zuerst war mein Licht sehr unbestimmt, aber es wuchs ständig unter meinem 'Blick'. Ich versuchte, auf das 'Ende' meines zarten gelblichen Schimmers zu blicken und entdeckte dabei, daß 'Ich' aus einer Kugel aus Licht bestand. Diese Lichtkugel war sehr fein und kunstvoll ausgearbeitet, irgendwie flutete und quirlte es um einen eigenen Mittelpunkt, während außerhalb der Kugel alles noch völlig 'Vorhölle' war.

Ein großes Glücksgefühl erfüllte mich. Das Entzücken er-

schöpfte mich derart, daß ich etwas 'ausruhen' mußte...
Als ich wieder zu mir kam, fühlte ich mich gut ausgeruht,
glücklich und freudig erregt. Mein neu entdecktes Licht
war immer noch zu sehen, wenn ich es sehen wollte, und
so wußte ich, es war wirklich und keine Täuschung.

Ich stellte mir vor, daß es um mich noch andere Dinge in
irgendeiner Form geben müßte. Ich faßte den Gedanken,
mich zu bewegen und dabei auf andere Lichtquellen zu
stoßen. Ich spürte, daß ich mich tatsächlich bewegte, obwohl es keine Möglichkeit gab, es wirklich zu beweisen.
Unausgesetzt überprüfte ich die große Dunkelheit um
mich mit meinen neu gefundenen 'Augen', aber auch mit
einer Art neuen Sinns, den ich zuvor nie besessen hatte.
Es war mir, als hätte ich eine Radareinrichtung eingebaut,
oder mentale Fühler. So bewegte ich mich weiter, im Bemühen, etwas oder jemand zu finden. Viel später begann
ich dann irgendwelche Gestalten zu fühlen, irgendwelche
'Wesen', in weiter Entfernung, die allmählich näherka-
men. Eine neue Welle der Erregung erfaßte mich. Oh Junge, war das schön! Ich war mir der sich nähernden Wesenheit absolut sicher, was immer es auch sein mochte.

Doch siehe da! Weit voraus sah ich nun tatsächlich einen
schwachen Schimmer. Es waren ein paar funkelnde Lichter, zwei Sternen ähnlich, die näher und näher kamen.
Aber bei einem bestimmten Abstand hielt entweder ich
oder hielten sie an, denn der Abstand zwischen uns blieb
gleich. Es waren zwei wundervolle Lichtkugeln, die sehr
starke Energieschwingungen ausstrahlten. Ich wußte, daß
dies eine Art von Lebewesen waren, die Wärme, Freundlichkeit, Neugier und Ermutigung ausströmten. Und bestimmt sahen sie mich auch. Ich hatte keine Idee, wie lange wir so 'standen', immer im gleichen Abstand. Am
Schluß dieses Zusammentreffens erloschen sie endgültig.

Von dieser Zeit an fühlte ich mich nicht mehr einsam

oder miserabel. Ich wußte, ich war auf dem richtigen Weg, und so hielt ich mich weiter nach vorn. Meine 'Radar-Fühler' spürten eine Art Landmasse da vorne, verbunden mit dem vagen Eindruck von Wärme und Licht. Beim Näherkommen spürte ich in wachsendem Maße irgendwelche 'festen' Dinge, so als würde ich mich einem Übergang in eine Welt des Berührbaren nähern. Dann fühlte ich auch solide Massen auf meinen beiden Seiten, ebenso über und unter mir. Ein ferner Laut erreichte mich zu meiner Überraschung. Etwa Wasser, ein Fluß? Dann 'schwamm' ich durch eine Höhle, einer Ansammlung schwacher Lichtpunkte entgegen, die bald ganz ins Blickfeld rückten. Ich schwamm oben auf einer Nebelschicht durch eine riesige Höhle mit fantastischen Kristallformationen. Zuerst sahen sie ganz natürlich aus, schienen dann aber mehr und mehr in künstlerischer Weise angeordnet zu sein wie kunstvolle Bauwerke. Vielfarbiges Licht trat flutend aus deren Oberfläche hervor. Nun konnten um sie herumflutende Energiemuster unterschieden werden. Die ganze Höhle war lebendig, so wie der ganze Kristallkomplex ein einziges lebendes Wesen zu sein schien.

In der Zwischenzeit hatte sich die Nebelschicht irgendwie in die glitzernde Oberfläche eines wasserähnlichen Stroms verwandelt. Und dieser Fluß strömte mit mir an seiner Oberfläche in Richtung des fernen Endes der Höhle, die sich in einen Tunnel verengte. Meine Lichtkugel schien nun eingekapselt zu sein in eine Art schwach zu erkennender Blase. Vielleicht sollte ich an irgendeinen Ort in diesem unterirdischen Fluß gebracht werden.

Bald trug mich der Fluß in den dunklen und sehr langen Tunnel hinein. Es ging weiter und weiter. Endlich sah ich vorne ein schwaches Licht, das sich als das Ende des Tunnels erwies. Das Licht wurde heller und stärker, so als ob wir an den Eingang einer wirklichen Welt voller Tageslicht kämen. Mein Entzücken wuchs in gleichem Maß, wie das Licht stärker wurde. Verbunden damit war das Gefühl, beinahe wieder körperlich zu werden. In der Tat, ich fühlte mich nun innerhalb meiner Hülle wieder ein bißchen 'schwer und fest', so als würde sich um mich wieder eine physische Substanz bilden.

Dann kamen wir vollends heraus aus dem Tunnel, in das blendende Tageslicht einer felsigen Meerenge. Eine völlig physisch aussehende Welt, ein sehr beglückender Anblick! Über mir ein wirklicher Himmel, allerdings ohne Wolken. Auch war keine Sonne zu sehen, nur ein diffuses Licht von oben, das den Eindruck erweckte, als sei es früher Morgen, und das die Felsformation wirkliche Schatten werfen ließ.

Es sah alles ein bißchen erdähnlich aus, aber noch viel intensiver in seiner eigenartigen, seltenen Schönheit. Alles glitzerte so lebendig, war so zu Herzen gehend ausgefallen, als würde man sich dem Paradies nähern. Selbst die Luft war noch reicher und aromatischer als ich es jemals zuvor erlebt hatte.

Plötzlich gab es auch noch eine andere und willkommene Überraschung: Innerhalb meiner Hülle war nicht mehr nur eine Sphäre von Licht, da war ein wirklicher Körper, mein Körper – oder zumindest etwas so ähnliches. Er lag träge da, doch ich konnte fühlen wie er von Minute zu Minute wuchs, schwerer und realer wurde. Ich war wirklich glücklich, fast in Ekstase. Ich lebte, lebte!

*

Die große Freude wich höchster Zufriedenheit, als meine Hülle weiter schwamm. Hinter einer Biegung öffnete sich die Enge in eine meilenweite Bucht. Die ferne Küste der Bucht sah aus wie bewaldetes Land mit sanft gewellten Hügeln. Weiter dahinter in großer Entfernung türmten sich Berge in unglaubliche Höhen, ihre Gipfel waren in Nebel und Wolken gehüllt.

Zu meiner Rechten weitete sich das perlende Wasser unter einem fernen Regenbogen zu einem riesigen Meer bis zum Horizont, die Geheimnisse von tausend Wundern und Freuden versprechend.

Dann war mir, als hörte ich eine körperlose Stimme in meinem Kopf. Oder war es eine plötzliche Erkenntnis, die mir zu Bewußtsein kam und die ich automatisch in Worte umsetzte, ganz gegen jede bisherige Gewohnheit?

Die Stimme informierte:

„Wanderer, sei willkommen in den nicht-physischen Reichen. Hier sind alle Erscheinungen nur verfestigte Gedankenformen, die das Ergebnis eines komplizierten Prozesses von sich manifestierenden Vorstellungs-Mustern sind. Dein irdischer Geist mag dies alles als Bilder einer physikalischen Welt auffassen. Natürlich ist die irdische Art der Auffassung auf ihre Weise ebenfalls gültig. Das ist in der Tat auch die Ursache, daß Du nach Deinem Herauskommen aus dem Tunnel wieder Deine physische Ganzheit angenommen hast. Dein physischer Körper innerhalb der schützenden Phantomhaut befindet sich in verändertem Zustand. Trotzdem wird es Dir scheinen, als arbeite er auf vertraute Weise, was aber in Wirklichkeit nur rein psychologisch ist. Darum ist alles gut, und so erfreue Dich.

Zu Deiner Rechten, die große Wassermasse, die Du siehst, ist der 'Ozean der Seligkeit'. Nur die, die es verdienen, werden dort zugelassen, indem sie unter dem Regenbogen hindurchgeführt werden, der alle anderen draußen hält. Die Wasserstraße zu Deiner Linken führt zu den sieben Meeren der Geheimnisse, für die Mutigen mit unternehmendem Geist. Die fernen Berge, die Du schon wahrgenommen hast, sind für die, die sie ersteigen wollen in dem Wunsch, höhere und höhere Ebenen kosmischer Verwirklichung zu erreichen. Die in Nebel gehüllten Gipfel erreichen unvorstellbare Höhen, wo die Wächter wohnen, die zu besuchen Du gekommen bist, nahe dem Gipfel der noch manifesten Welt.

Selbst um zu den Vorbergen dieser ‚Berge des Lichts’ zu kommen, wie wir sie nennen, hast Du die ’Ebene der Schatten’ zu durchwandern, die sich vor Dir erstreckt. Wie lange Du dazu brauchst und wie schwer es für Dich ist, hängt fast nur von Dir allein ab. Wenn Du die Berge erreicht hast, wirst Du einige Höhen zu erklettern haben, bevor die Wächter kommen, um Dich zu treffen.

Nun, viel Glück und gute Reise!” Die Stimme erlosch.

Inzwischen driftete meine Hülle an Land. Als ich den sandigen Strand betrat, barst sie und löste sich in Nichts auf, und mein neu gefundener Körper lag mit dem Gesicht nach unten in der Brandung. Ich machte Inventur mit meinem offensichtlichen ’realen Ich’, zwang mich, aufzustehen und mich zu strecken. Alles war in Ordnung, und ich fühlte mich rundherum glücklich.

Doch plötzlich sehnte ich mich danach, die ’Augen zu schließen’. Die Angst und Spannung meiner neuerlichen Erfahrung in der ’Vorhölle’ übermannten mich wahrscheinlich. Statt aber diese natürliche Reaktion zu bekämpfen, beschloß ich, ein Nickerchen zu machen, ob es nun psychologisch nötig war oder nicht.

So legte ich mich in den warmen Sand und fiel langsam in Schlaf...

Kapitel 11

Paradoxes Reich
mit schwierigen Prüfungen vielfältiger Art

Ich wachte am Strand auf. Es schien Mittag zu sein. Ich fühlte mich phantastisch, wie eine Million Dollar. Ich erhob mich und begann landeinwärts zu wandern, über grasbewachsene Hügel.

Alles sah wirklich fest und real aus: Der Boden, die Vegetation, mein Körper, der sich leicht und gerade richtig anfühlte. Die Phantom-Haut bedeckte mich vom Kopf bis zu den Füßen, ausgenommen Hände und Gesicht, die sich ganz normal anfühlten, jedoch mit einer dünnen Schicht einer schellackähnlichen Substanz bedeckt schienen. Ich spürte keinerlei körperliche Bedürfnisse, was mir ganz recht war. Kein Hunger, kein Durst, keine Müdigkeit würden mich behindern. Falls doch, würde es nur rein psychologisch sein, wie ich verstand.

Bald erreichte ich die ersten Baumreihen des Waldes. Ich sah eine zwanzig Fuß breite Straße, die in den Wald hinein führte. Es schien eine mit Natursteinen belegte Straße zu sein ohne Fußabdrücke oder Räderspuren. Da ich in Richtung der fernen Berge gehen wollte, die vermutlich in ungefähr einem halben Tag zu erreichen sein mußten, war diese Straße gerade richtig für mich.

Die alten, hohen, herrlichen Bäume waren wahrscheinlich Eichen. Der Duft stieg etwas zu Kopf, die Umgebung war ganz wundervoll. Und ich vermutete, früher oder später würde ich nach einer Wegkrümmung auf irgendwelche wunderbare Entdeckungen stoßen. Wann, das war mir egal, denn ich war ja nicht besonders in Eile. Ich wollte diese wundervolle Stimmung, die vollkommene Umgebung so lange wie möglich genießen. Ich war von

183

einer überschwenglichen Stimmung durchflutet.. Alles war wirklich gut, genau wie die körperlose Stimme es sagte.

Ich mußte jetzt schon einige Meilen weit in diesen bezaubernden Wald eingedrungen sein. Es war kein gewöhnlicher Ort: alles, von den knorrigen alten Bäumen bis zu den riesigen Pilzen strömte eine solche Lebendigkeit aus, als wohnten 'Naturgeister' in ihnen. Bis jetzt aber traf ich niemand und nichts. Ich hörte Vögel zwitschern und einige Tiere in den Büschen rascheln. Nach dem gedämpften Licht, das durch das Blätterwerk schien, mußte es bereits später Nachmittag sein. Als ich von einer Anhöhe herabstieg, erreichte ich eine große Lichtung.

Ich konnte meinen Augen nicht trauen! Ich sah eine perfekte Szene aus dem Märchenbuch; ein Kindertraum wurde Wirklichkeit: Kleine Zwerge in lustiger Kleidung tanzten im Kreis herum, direkt am Rand einer Miniaturstadt mit kleinen Lebkuchenhäuschen. Innerhalb des Kreises hüpften fröhlich drei Feen umher. Und alle diese Wesen sangen mit zarten, kindlichen Stimmchen.

Das ist seltsam, jemand sollte mich in den Arm kneifen, dachte ich. Auf jeden Fall hielt ich in meinem Abstieg von dem Abhang inne und verbarg mich hinter dem letzten großen Baumstamm. Ich beobachtete die Szene in allen Einzelheiten, um irgendwelche Fehler in einem eventuellen Schwindel oder einer Halluzination zu entdecken. Aber alles sah authentisch und vollkommen real aus. Die kleinen Wesen schienen viel Spaß zu haben. Sie verhielten sich wie eine Schar kleiner Kinder mit ihren kindlichen Sprüngen.

Endlich entschloß ich mich, mich zu bewegen. Immerhin konnte ich nicht eine Ewigkeit lang stehen bleiben, und es war schon beinahe dunkel. So trat ich heraus in die Lichtung.

Die Wirkung meiner Bewegung war verheerend. Die ganze Schar fing an zu schreien und suchte nach einem Versteck. In einem einzigen Augenblick war der Platz völlig verlassen. Ich ging durch die Lichtung und das Dorf mit den ungefähr ein Dutzend zwergengroßen Häusern... Keine Seele war zu sehen. Nur eine lustig aussehende Katze, die hoch auf einem Baumhaus thronte, zeigte mir die Zähne. Offensichtlich wollte sich also niemand mit mir unterhalten. Oder hielten sie mich vielleicht für ein riesiges Monster, wer weiß? Nun, das Tageslicht schwand vollends dahin, und so ging ich zurück auf die Landstraße und nahm meine Wanderung wieder auf.

Dunkelheit brach herein, der Wald wurde still. Die Luft wurde fühlbar kühler. Unbehaglich fühlte ich mich aber keineswegs, und ich war auch nicht müde. Da ich den Straßenrand immer noch gut erkennen und ohne zu stolpern weitergehen konnte, entschloß ich mich, meine Wanderung fortzusetzen.

Nach, wie mir schien, mehreren Stunden kam ich an eine Weggabelung. Als ich mich anschickte, nach rechts weiterzugehen, blitzte ein Paar riesiger Augen nahe meinem Kopf auf. Zur gleichen Zeit ließ mich ein unheimlicher Schrei vor Angst einen Satz machen. Verrückte Eule! Sie gehörte versohlt, anstatt arme Wanderer zu erschrecken, wie ich einer bin. Immerhin, diese Begegnung machte mich nervös, und so entschied ich mich, den linken Weg einzuschlgen. Vorbei war nun die freundliche Stimmung dieses Waldes. Alles schien jetzt bösartig und bedrohlich, mit verborgenen Dingen, die in der Dunkelheit lauerten.

Bald kam ich zu einer weiten Lichtung und zu einer neuen Überraschung. Irgendein Spukschloß thronte auf einem Hügel, einige hundert Yards entfernt. Dunkle Türmchen reckten sich unheimlich in den Mondhimmel – aber ohne daß ein Mond zu sehen war. Die Straße lief darauf zu und führte am Rand eines dunklen Abgrunds vorbei, aus dessen unsichtbaren Tiefen schwefeliger Gestank heraufdrang. Ein hübscher Platz, um ihn zu besuchen, bemerkte ich in Gedanken. In der Nähe führte eine gedeckte Brücke über den Abgrund.

Ich beschloß, nach oben zu steigen und das Schloß aus der Nähe zu betrachten. Als ich über die krachenden Bretter der Brücke trampelte, hatte ich das unheimliche Gefühl, daß etwas Fürchterliches passieren würde. Aber bedenkenlos arbeitete ich mich weiter vorwärts, die von Bäumen umsäumte Straße auf der anderen Seite entlang.

Nach der ersten Biegung erstarrte ich zu Eis. Ich war sicher, aus Richtung des Schlosses das näherkommende Getrappel von Pferdehufen zu hören. Dann kam schlagartig ein entsetzliches 'Etwas' in Sicht, direkt mir entgegen: Ein galoppierendes Pferd mit einem wild herumfuchtelnden Reiter ohne Kopf! Ich sprang beiseite, aber stolperte in meiner plötzlichen Angst. Großer Gott, was ist hier los? Ich preßte mich in größter Furcht an den Straßenrand. Das Pferd stürmte weiter und donnerte über die Brücke. Auf der anderen Seite machte es kehrt und bäumte sich auf, wie um sich für einen zweiten Ansturm oder gar für einen Mord bereit zu machen.

Ich muß zurückschlagen, schnell! Ich griff nach einem daliegenden Ast, um einen Stock zu haben.

Als ich ihn zerbrach, bemerkte ich, daß sein Ende stark lumineszierte, verursacht durch die verrottende Substanz der Vegetation. Dies brachte mich auf eine verrückte, verzweifelte Idee: Ich selber wollte derjenige sein, der Schrecken einjagt. In aller Eile malte ich einige lange Phosphorstreifen auf meinen Körper und meine Gliedmaßen, um auszusehen wie ein losgelassenes Skelett. Dann hörte ich das Pferd über die Brücke mir entgegendonnern. Genau im richtigen Augenblick sprang ich in die Mitte der Straße und gestikulierte wild mit dem leuchtenden Stock. Das herangaloppierende Pferd hielt an, bäumte sich auf und wieherte erschreckt. Das Pferd wandte sich um und floh davon, während sein Reiter einfach auf die Straße geworfen wurde. Als diese Horrorgestalt ohne Kopf wieder auf die Beine kam und im Gebüsch verschand, öffneten sich zum Teil die Falten seiner Bekleidung und ich erhaschte einen Blick auf eine menschliche Gestalt, ganz normal, einschließlich Kopf, und mit einer Phantomhaut bekleidet genau wie meine. Ich kam in Wut: Was trieb dieser Hundesohn für ein Spiel? Wie konnte ein Pilger, wie ich einer war, und wahrscheinlich noch aus dem gleichen Raumschiff, so einen schmutzigen Trick an mir ausprobieren?

Aber jetzt war nicht die Zeit, um über die Pervertiertheit eines vermutlichen Mit-Pilgers zu reflektieren, denn eine Schar wild schreiender Fledermäuse startete in diesem Moment einen Angriff gegen mich. Einige davon waren so groß, daß sie Vampire hätten sein können. Ich drückte mich ins Gebüsch, stolperte und fiel hin. Dann glitt ich aus und rollte hilflos hinunter in einen bodenlosen Abgrund.

*

In einem stinkenden Sumpf fand ich mich wieder, mit Schlamm bedeckt. Ich versuchte, Sinn zu finden. Es war mir klar, daß ich meine ganze Haltung verloren hatte. Ich steckte in einem Sumpf zusammen mit monströsen unterirdischen Bestien. So viel bei dieser Dunkelheit zu erkennen war, mußten hier wahrscheinlich viele Krokodile und verschiedene riesige Reptilien in der Nähe sein, so jedenfalls schien es, nach den häßlichen Gestalten zu schließen, die hier aus dem Matsch herauskamen und darin herumpantschten. Willkommen im Drachen-Land, dachte ich bitter. Wohin habe ich mich hier gebracht? Es muß irgendein Mißverständnis vorliegen, denn dies ist ganz bestimmt keine nichtphysische Welt. Alles stinkt so wirklichkeitsnah...

Unglücklicherweise war aber nicht alles so wirklichkeitsnah und solid. Um alles noch schlimmer zu machen, erwies sich der starke Baum, an den ich mich klammerte, als Teil einer kleinen schwimmenden Insel, der mich nun in die offeneren Teile des Sumpfes zog. Ich hoffte nur, kein verrücktes Biest würde mich zerreißen oder verschlingen, bevor es Tag würde und ich einen Weg heraus auf trockenes Land finden würde.

*

Eine ganze Zeit später, als ich einer starken Erschöpfung schon sehr nahe war, tauchte von irgendwoher ein schwach erleuchtetes Boot auf, das von ungefähr einem Dutzend behaarter Wilder in uralter Kleidung gerudert wurde. Wenigstens sahen sie aus wie Menschen, dachte ich, als sie mich ohne Förmlichkeit in ihr Boot hineinzogen. Jetzt hätte ich gern gewußt, war ich nun wirklich gerettet oder etwa gefangen, um zum Frühstück gekocht zu werden. Einige Meilen weiter trafen wir auf festes Land und kletterten heraus. Ich wurde zu einer großen felsigen Lichtung gebracht, nahe den Ruinen eines einstmals mächtigen heidnischen Tempels, der in den Berg hineingehauen war. Der Platz war voll von singenden Wilden, die um ein Freudenfeuer herumtanzten.

Offensichtlich feierten sie ein Fest. Sie setzten mich auf einen als Bank dienenden Felsen, mitten zwischen ein Dutzend fast nackter, schöngewachsener, junger Frauen. Es hatte den Anschein, als wäre ich ihr Ehrengast.

Bald dämmerte mir, daß es sich hier um ein Fruchtbarkeitsritual handeln mußte: Die Gesten und Bewegungen waren nicht mißzuverstehen. Einige Schönheiten kauerten sich um mich, während eine besonders Auffallende direkt vor meiner Nase einen verführerischen Tanz aufführte. Ganz normale Lust wurde in mir wach. Ich vermutete, das war eine Aufforderung, wirklich ernsthaft hier teilzunehmen. Aber wie sollte das klappen, nachdem ich in meine dicke Phantomhaut eingesiegelt war?

Nun, das Problem löste sich von selber, denn ein dramatisches Ereignis unterbrach roh die Szene. Ein Erdbeben begann den Boden heftig zu erschüttern, und die Wilden ergriffen die Flucht. Wie ein geölter Blitz rannte ich bergauf, höher und höher. Bald war niemand mehr bei mir, selbst das Beben hatte ich weit hinter mir gelassen. Doch ich rannte weiter, um ja in Sicherheit zu kommen...

* * * * *

Als ich um einen Felsblock herumrannte, wäre ich fast einen steilen Abhang hinabgestürzt. Keuchend stand ich am Rand eines fantastisch großen Kraters – der meilenweit erfüllt war von allen Arten elektrischer Beleuchtung! Ich war überwältigt von diesem nächtlichen Anblick eines gigantischen Weltraumflugplatzes. Im Vordergrund rannten Gestalten um eine Menge der verschiedensten Raumfahrzeuge herum. In der Ferne sah man die futuristischen Türme und Gebäude einer Weltraum-Stadt am Horizont. Und der ganze Bereich dieses gigantischen Kraters war überkuppelt von einem durchsichtigen, glasähnlichen Material.

Ich war regelrecht eingeschüchtert, aber auch begeistert. Am meisten jedoch erstaunte mich die Existenz Seite an Seite derartig kontrastreicher Umgebungen. Diesmal hieß es also, lange genug umherzuschauen, um alles zu begreifen. Nun wollte ich Antwort haben auf alle die Rätsel und das Herumgeschleudertwerden im Verlauf dieser Ereignisse. So entschloß ich mich, zu dem Flughafen hinunterzusteigen und zu versuchen, mich mit dem Personal zu unterhalten.

Ich trottete bergab und hielt nicht einmal bei dem Gedanken an das Kraftfeld an, das die Kuppel eventuell besitzen konnte, bis die Funken flogen und die Luft rund um mich zu glühen begann. Aber immerhin gelang es mir, durchzukommen. Ich wurde auch nicht verletzt, was ein weiteres Rätsel war. Ich fühlte mich als echter Frankenstein, vielleicht sah ich sogar auch so aus. Schrille Huplaute erfüllten nun die Luft, und eine Gruppe uniformierter Männer stürmte aus einem Gebäude mir entgegen. Offensichtlich hatte mein Eintritt den Alarm ausgelöst und die Wachen alarmiert.

Sie stellten sich im Halbkreis um mich auf, und ohne jede Vorrede eröffneten zwei von ihnen das Feuer auf mich aus irgendwelchen Energiestrahlern. Ich nahm ein kurzes Aufglühen und etwas Wärme in der Brustgegend wahr, dann war die Entladung vorüber und ließ mich ungeschoren. Nun feuerten vier andere Wachen mit einem noch stärkeren Strahl auf mich. Wieder glühte ich ein wenig, was jedoch ohne Wirkung blieb. Statt dessen fielen alle vier, sich krümmend, zu Boden, als hätten sich ihre Strahlkanonen auf sie selber gerichtet. Den anderen Wachen schien dies ein Rätsel zu sein. Sie konferierten leise miteinander, traten dann zurück und warteten.

Bald darauf kamen drei Bulldozer-ähnliche Fahrzeug ins Bild und stießen mich an. Einer packte mich mit seinen mechanischen Greifern und fuhr mit mir davon, als ob ich seine Trophäe wäre, direkt durch das Kraftfeld hindurch, durch das ich gekommen war. Dann fuhr er weiter bergauf, über den Kraterrand und immer weiter und weiter. Diese irre Fahrt brauchte eine ganze Zeit, denn inzwischen wurde es langsam Tag. Die Maschine fuhr meilenweit in eine trostlose Wüste hinein, dann kippte sie mich einfach heraus und fuhr zurück...

* * * * *

Ich war erleichtert, aber noch mehr verwundert, mehr als zuvor, wegen all dieser verrückten Ereignisse. Körperlich war ich intakt, und auch nicht besonders müde. Da ich im Augenblick nichts besseres zu tun hatte, begann ich, in dieser verlassenen Gegend herumzugehen. Es gab zwar keine Wegweiser oder etwas ähnliches hier, aber ich war trotzdem nicht übermäßig verängstigt in dieser Einsamkeit. Nun stellte ich mir schon vor, daß ich irgendwohin kommen würde oder in ein neues unerfreuliches Abenteuer stürzte. Ich hoffte auf meinen Bestimmungsort, die Berge, obwohl es keine Möglichkeit zu sprechen gab. Die Sicht hier betrug nur eine oder zwei Meilen, denn der Horizont war entweder zu dunstig oder zu staubig.

So ging ich den ganzen Tag lang, ohne daß sich das Land wesentlich veränderte. Merkwürdigerweise fühlte ich mich nicht besonders unbehaglich, trotz der mörderischen Mittagshitze. Trotzdem blieb ich am späten Nachmittag stehen, nur einfach so, um mich auszustrecken und hinzusetzen, obwohl ich es eigentlich gar nicht nötig hatte. Ich war mir klar darüber, daß ich etwas Definitives brauchte und unbedingt erreichen mußte, um nicht so weiterzutrudeln. So machte ich ein Schläfchen und war dann ganz enorm erfrischt.

Das Tageslicht war schon entschwunden, als ich erwachte. Die Landschaft schien von schwachem Mondlicht erleuchtet zu sein, obwohl kein Mond zu sehen war. Die Sicht hatte sich erheblich verbessert und der Horizont hatte sich beachtlich ausgeweitet. Ungefähr fünf Meilen entfernt zeigten sich hochragende Berge. Typisch für mich, ich mußten den ganzen Tag lang parallel zu ihnen gegangen sein. Das überraschte mich aber eigentlich gar nicht, denn im tiefsten Innern schien mir das eine sonderbare Übereinstimmung zu sein. In der Tat bekam ich allmählich eine schwache Ahnung davon, was diese Tour auf dieser 'Ebene der Schatten' für eine Bedeutung hatte.

Ich stand auf und ging weiter in Richtung der Berge. Bald stieß ich auf natürliche Felsformationen und gigantische Wölbungen. Die ganze Landschaft war so bezaubernd schön, daß ich am Eingang eines steilen Canyons mitten zwischen riesigen Felsblöcken stehen blieb. Hier wollte ich mich ein bißchen aufhalten und die Magie der Szene auf mich einwirken lassen. Unverbesserlich romantisch – ja, das bin ich. Und außerdem, ich war gar nicht in Eile, um an einen bestimmten Ort hinzukommen...

So setzte ich mich also nieder auf einen Erdwall, und da blieb ich sitzen, in dieser wunderbaren Ruhe und an diesem einsamen Ort der Schöpfung. Hier gefiel es mir. Tiefer Friede umfing mich in dieser Einsamkeit. Und doch nicht ganz, denn nach einer Weile begann ich ungreifbare Gegenwärtigkeiten um mich zu fühlen, und ich spürte neugierig auf mich gerichtete Augen. Ein paarmal war mir auch, als würde ich am Rand meines Gesichtsfeldes einige vorbeihuschende, sich bewegende Schatten erblikken. Ich wußte, daß irgendetwas im Gange war, denn meine feinfühliger gewordenen Sinne konnten nicht nur das Seltsame und Freundliche, sondern auch entschieden böswillige und unfreundliche Schwingungen aufnehmen. Aber ich ließ mich dadurch nicht beeindrucken, was es auch sein mochte. Ich fühlte, daß 'sie' mir nicht wirklich schaden wollten. Auch wollte ich mich nicht so leicht wieder in irgendwelche schrecklichen Abenteuer einlassen...

* * * * *

Der Tag brach an mit einer herrlichen Kaskade von Farben. Ich war verzaubert von ihrer erhebenden Herrlichkeit.

Ich erhob mich und wanderte in den Canyon hinein. Nach ungefähr fünf Meilen endete er abrupt. Die Wände waren senkrecht und nicht zu besteigen, glatter, roter Fels. Ich mußte umkehren, um nach einem günstigeren Gelände mit Spalten und Absätzen Ausschau zu halten. Ich begann, geduldig zu klettern. Dies war entweder schwierig oder beinahe unmöglich, und ich brauchte den größten Teil des Tages dazu, um das meilenhohe Plateau zu erreichen. Dort sah ich ein sich hoch über mir auftürmendes Gebirge, dessen höchste Gipfel im Nebel verschwanden. Das Plateau endete, indem es jäh in einen großen Canyon abfiel. Auf dessen Grund konnte man nicht sehen. Ich bewunderte diesen gewaltigen, mindestens eine Meile breiten Canyon. Doch unglücklicherweise trennte mich dieser tiefe Abgrund von dem aufragenden Gebirge.

Ja, das war das Gebirge, das ich erreichen mußte, dessen war ich sicher. Als ich zu einem Punkt, der mindestens eine Meile über meinem Niveau lag, aufblickte, konnte ich eine mit Türmchen und Terrassen versehene Fassade ausmachen, die in den Felsen hineingearbeitet war und die eine Festung oder ein Kloster sein konnte. Auf der anderen Seite war sogar eine Straße, die dorthin führte. Und dies war mein Bestimmungsort, das fühlte ich bis in mein tiefstes Inneres. Wenn ich nur irgendwie hinüber könnte...

Zu meiner Linken schien sich der Canyon zu verengen. So ging ich in diese Richtung mehrere Meilen weit bis zu einem Punkt, wo das Gebirge noch höchstens einige hundert Yards entfernt war. Da gab es sogar einen Felsenvorsprung, der tief in den Abgrund hinausragte, und ich konnte nicht widerstehen, dort hinauszugehen, bis zum äußersten Ende.

Unglücklicherweise mußten meine Schritta das lose Felsgestein aus dem Gleichgewicht gebracht haben, denn die vorspringende Steinformation hinter mir brach zusammen und stürzte donnernd den Abgrund hinunter. Dieser Zwischenfall machte mich zum Gefangenen auf einer nunmehr völlig isolierten Felsspitze, die sowohl von dem Plateau als auch von dem gegenüberliegenden Gebirge ungefähr hundert Yards entfernt war.

Eine ganz erbärmlich mißliche Lage! Ich brütete darüber Stunde um Stunde, fand aber keine Möglichkeit, hier wieder wegzukommen. Das Kloster und die Zufahrtsstraße waren zu sehr außer Sichtweite, um von hier auch nur im Entferntesten auf Rettung hoffen zu können. Nirgends regte sich etwas, und vielleicht würde es Tausende von Jahren so bleiben. So lag ich da auf dem Rücken und starrte in den sonnen- und wolkenlosen Himmel, als könnte ich von dort auf eine Antwort hoffen. Bald aber verfiel ich in einen Traumzustand. Eine Weile schlief ich ganz fest. Als ich wieder erwachte, war es mitten in der Nacht. Es wurde Tag, allmählich Nachmittag, – ich war zutiefst deprimiert. Ich stellte mir vor, ich würde in alle Ewigkeit hier sitzen müssen, falls ich nicht vorher schon wahnsinnig würde. Das schien mir noch schlimmer zu sein als wirklich zu sterben oder als 'untoter' Toter in der Vorhölle zu leben.

* * * * *

Doch dann keimte ein Hoffnungsschimmer in mir auf. Eine verschwommene Idee begann in meinem Kopf Form anzunehmen. Es ist noch gar nicht so lange her gewesen, daß ich auf dieser Reise völlig unversehrt aus dem 'Fegefeuer' errettet wurde. So müßte ich diesen Vorgang doch wiederholen und nach einem Weg zur Rettung suchen können, und zwar, indem ich mit anderen als physischen Mitteln meine mißliche Lage ändern konnte. Immerhin *hieß es doch, daß diese ganze Landschaft nur aus Gedankenformen bestünde*...

So setzte ich mich nieder in einer entspannten, meditativen Haltung, verschloß meine Augen dieser Welt und sperrte alle Sinneseindrücke aus. Das war leicht, aber den Aufruhr meines Gemüts zu beruhigen war etwas anderes. Als ich dies schließlich aufgab, war es schon wieder Nacht. Eine Weile schaute ich auf die klare nächtliche Landschaft, die, wie ich hoffte, mich etwas von meiner inneren Anspannung befreien würde. Ich wollte meinen Kummer für eine Weile vergessen und für den Moment statt dessen nur die poetische Szenerie in mich aufnehmen.

Nach einigen Stunden zwecklosen Vor-mich-hin-Starrens wurde mein Gesichtsfeld in traumhafter Weise irgendwie verschwommen. Doch das tat mir wirklich gut. Ich dachte so gut wie an nichts. Da geschah plötzlich alles von selbst! Ich fand mich im schwarzen Weltraum schwebend, nur ein schwacher gelber Schimmer trat aus meiner Mitte hervor. Obwohl kaum zu unterscheiden, konnte ich doch lange Fäden einer schmutzig-grauen Substanz ähnlich türkischem Honig ausmachen, die wie mit gefrorenem Rauch überzogen schienen. Der schwache gelbe von mir ausgehende Schimmer befand sich an der Oberfläche eines solchen schmalen Seidengebildes. Vielleicht war es die entsprechende Gedankenform zu der Felsspitze, auf der ich gefangen war. Die starken Fäden über mir mußten die Gebirgsmassen bedeutet haben.

Seltsamerweise hat mich diese Entdeckung überhaupt nicht erregt. Mein Bewußtsein war so weit weg, als ob es gar nicht zu mir gehörte. Leidenschaftslos 'zwang' ich einen Teil meines eigenen diffusen Schimmers in einen gerichteten Strahl, den ich über den Abgrund lenken konnte. Doch alles, was mir nach ein paar schwachen Versuchen gelang, waren ein paar wackelige leuchtspurenähnliche Linien. Sie versprachen nicht einmal zur Hälfte das zu sein, was mir unbestimmt vorschwebte, und so gab ich mißmutig wieder auf. Doch obwohl die Leuchtspuren sich über dem Abgrund zu verfestigen schienen, waren sie nur ein unregelmäßiges Gewirr von fragilem Nichts. Ich wollte diese ganze unterbewußte Szene verlassen und diesen seltsamen Zustand für eine Weile aufgeben, um wieder an die 'oberirdische' Welt zu kommen.

Als ich meine Augen öffnete, sah ich, daß etwas Unglaubliches passiert war! In physischer Wirklichkeit war da ein Gewirr grober Seile über den Abgrund gespannt, ähnlich einer primitiven Hängebrücke.

Offensichtlich war dies das Ergebnis meiner Gedankenform, die sich hier materialisiert hatte, nun mit fest eingebetteten Enden, als wären sie mit dem Felsen verwachsen. Ich stand auf, um diese Seilanordnung durch Ziehen und Zerren zu testen: alles war real und fest.

Wellen höchster Freude ergossen sich über mich. Abgesehen von der Möglichkeit, nun von hier zu entkommen, war ich zutiefst von dem Beweis des Vorgangs der Gedanken-Formung ergriffen sowie von dem triumphalen Ergebnis meines rudimentären Pfuschens bei diesem Vorgang.

Dann machte ich mich ohne weitere Verzögerung an diese schaukelnde und sich windende komische Vorrichtung einer Brücke heran, so gut ich konnte. Kriechend kämpfte ich mich über den Abgrund und erreichte bald einen Felsvorsprung auf der anderen Seite. Ich empfand eine fast hysterische Erleichterung, die nur allmählich abklang. Ich warf einen letzten Abschiedsblick auf die einsame Felsspitze, von der ich wunderbarerweise entkommen konnte und wandte dann meine ganze Aufmerksamkeit dem Weg voraus zu.

Eine plötzliche Bewegung erregte meine Aufmerksamkeit. Zu meinem großen Erstaunen erhob sich aus den Tiefen des Canyons ein riesiger Schmetterling und flog aufwärts in Richtung auf das Gebirge. Er kam rasch außer Sicht, weit oberhalb meines Standorts. Der Körper des Schmetterlings war mannsgroß und von menschlicher Gestalt, dem Äußeren nach zu schließen unzweifelhaft eine Frau. Auch war sie in eine Phantomhaut, wie die meine, gekleidet. Doch im Gegensatz zu mir war sie eine klügere Pilgerin, die lieber flog statt zu klettern. Warum kam ich selber nicht auf so etwas?

Ich begann nun den schmalen Felsvorsprung entlang in Richtung des Klosters zu gehen. Nach wenigen Meilen kam ich auf die Berg- und Talbahn-ähnliche Straße. Nach endlosen aufwärtsführenden Kehren brachte mich die Straße endlich an den Fuß eines in den Berg gehauenen Treppenhauses. Das ist es! Mein Puls schlug schneller, als ich meinen Fuß auf die erste Treppe setzte. Ich wußte, daß ich nun meinem Bestimmungsort sehr nahe war.

12. Kapitel

Bedeutung und Zweck transzendentaler Erfahrungen

Nach einem langen Aufstieg führte die Treppe auf eine halbmondförmige Terrasse. Gegenüber befand sich eine breite Türöffnung in der Felswand. Es war schon spät am Nachmittag, als ich einen letzten Blick auf den Canyon unter mir warf.

Dann trat ich durch die Tür und kam in einen von Fackeln erleuchteten Durchgang, der mich in eine runde Felsenkammer führte. Hier verzweigte sich der Weg in sieben verschiedene Richtungen. Entlang einer Wand der runden Felsenkammer standen fünf alte Lehnstühle mit Blick auf einen Feuerplatz mit brennenden Holzscheiten. Irgendwie fand ich diese Szene höchst ehrfurchtgebietend.

Eine einzelne menschliche Gestalt in einer Mönchskutte erhob sich von einem Stuhl und wandte sich mir zu. Die Gestalt strahlte eine derart wunderbare feierliche Stimmung aus, daß ich erschauerte und es mir bewußt war, nun in der Gegenwart von Größe zu sein. Plötzlich fiel die Kapuze dieser priesterlichen Gestalt zurück und enthüllte ein vertrautes Antlitz, doch in einer bisher unbekannten Art heiligen Schimmers, der mich bis in die innersten Tiefen erschütterte. Ich konnte nur staunen: Der Mann war Quentin!

Eine ganze Weile blieben wir schweigend stehen. Endlich begann er mit warmem Lächeln zu sprechen.

„Sei willkommen, Wanderer! Ich wußte, Du würdest mich nicht zu lange warten lassen."

Ich kam aus meiner schockierenden Überraschung heraus und begann alles Mögliche zu stottern, das meiste davon waren Fragen.

Er hob die Hand, wie um die Flut meiner Worte aufzuhalten.

„Da Du nun am letzten Punkt Deiner Reise angekommen bist, kann ich es jetzt sagen: Du warst dafür bestimmt, hier an diesen Ort zu kommen, wie alle anderen von Euch sieben Pilgern."
„Ich erwartete so etwas Ähnliches." Ich konnte den Mund nicht halten.

Wir setzten uns in die alten Lehnstühle, das freundliche Feuer halb im Blick. Quentin setzte seine Rede fort.

„Um Dich hier willkommen zu heißen, kam ich viel früher an, jedoch auf andere Weise als Du. Zum Beispiel brauche ich keine Raumfahrzeuge. Ich reise lieber auf die 'Spectron-Art' – in kosmischer Form, das ist es. Übrigens war dieses Verfahren einigen Persönlichkeiten bekannt, die in Kontakt mit den irdischen alten Mysterienschulen standen."

Ich schluckte trocken. Ich vermutete, er war etwas anderes als nur rein menschlich, so wie ich es begriff.

„Wer oder was sind Sie in Wirklichkeit? Eine Art Engel?"

„Nun, halte mich wofür Du willst", antwortete Quentin. „Häng' Dich nicht an Namen und Phrasen, auf keinen Fall. Nur das Wesentliche zählt, und wofür es steht. Doch in diesem Bereich wird meine Art 'Kosmischer Reisender' genannt. Ich bin eine Art 'Freischaffender', der freiwillig für das Konzil der Wächter tätig ist, wie irgendeine durch verschiedene Reiche und Universen umherstreifende wirkende Kraft. Meine laufende Aufgabe war es, Dich zu führen seit Deiner ersten UFO-Begegnung, um Dich schließlich zusammen mit sechs anderen Pilgern hierher zu bringen."

„Sind die andern schon hier? Was ist mit der Schmetter-lings-Frau?"

„Zwei andere müssen noch kommen. Ja, diese Erden-Frau ist schon angekommen. Sie war beachtlich erfin-dungsreich mit dieser Formveränderung durch Gedan-ken-Form. Aber auch Deine Lösung mit der Seilbrücke war in ihrer äußersten Einfachheit ebenso interessant. Übrigens ist sie irdisch, genau wie Du. Vielleicht werden sich eines Tags Eure Wege kreuzen, aber ohne daß es Euch bewußt wird, einstens Pilgerkameraden gewesen zu sein. Ich finde all diese Arten angenehmer Überraschun-gen und mysteriöser 'Zufälle' sehr erfreulich." Quentin zeigte ein amüsiertes Lächeln.

„Und warum nun all diese Scharaden und Mysterien? Si-cher hätte man mich doch auf einfachere Weise hierher bringen können."

„Mit Reiseführer, erster Klasse? Nein. So wie es jetzt war, hast Du mehr über Dich gelernt. Es gibt keinen Ersatz für persönliche Erfahrung, ebenso wenig für die persönliche Lösung auftretender Probleme. Das ist der einzige Weg zu wirklichem Fortschritt."

Das ist sehr wahr, denke ich. Trotzdem konnte ich aber keinen Sinn in meinen unangenehmen Abenteuern dort unten in der 'Ebene der Schatten' finden. Alles sollten nur verfestigte Gedankenformen sein, und doch erschien es wie felsenfeste Wirklichkeit. War denn alles wirklich real, oder nicht?"

„In absoluter Wirklichkeit existiert hier eine unberührte Landschaft in reiner Gedankenform, wie es Dein Ego als erdähnlichen Sinneseindruck aufzunehmen wünscht. Nun, und diese im Grunde unberührte Form wird fort-während von jemandes Auffassung von Analogien modi-fiziert. Das kann durch Dich selbst erfolgen, oder Du kannst in die 'Reise' eines Anderen hineingeraten – vor-

ausgesetzt, daß Du mitschwingst und Dein Unterbewußtsein die Szene nährt."

„Die Szene mit den tanzenden Feen war die Gedanken-
konstruktion von jemand anderem, die Du unabsichtlich
abgebrochen hast. In der Schloßszene tauschtest Du mit
einem Mitpilger gegenseitige Ängste aus, der Dich irr-
tümlich für eine böse, häßliche Kreatur hielt. Der Alptraum mit dem Sumpf war allein das Produkt Deines un-
terdrückten Unterbewußtseins. Die Szene mit dem
Fruchtbarkeitsritus war eine lang zurückliegende und
entschwundene Gedankenform, aber Dein lebhaftes,
übermäßiges Mitschwingen füllte sie mit neuem Leben –
doch Deine Zweifel und Deine Schuldgefühle brachen die
Szene abrupt ab, indem sie das Erdbeben veranlaßten.
Das Gegenteil geschah in der Wüste, wo Du es vorgezo-
gen hast, nicht auf viele mögliche Materialisationen einzugehen. Der Weltraum-Flugplatz war eine sehr starke
und aktive Gedanken-Konstruktion, die von einer Gruppe rebellischer Gedanken geschaffen wurde, die Du
wahrscheinlich einfach nicht ändern konntest, die aber
dagegen Dich ändern konnten. Die einzige Lösung war,
Dich körperlich zu entfernen."

„Nun in jeder Szene antwortete Deine Psyche auf verschiedene Weise, doch Deinem Charakter entsprechend
vorhersagbar. Manchmal warst Du das wehrloseste Op-
fer, manchmal hast Du selbst offen eingegriffen und damit eine ganze Kette vorgeplanter Ereignisse ausgelöst.
Alle diese Szenen dienten als Testsituationen, um über
Deinen gegenwärtigen Entwicklungsstand unterrichtet
zu werden, was Deine geistigen Fähigkeiten und Deine
Findigkeit betrifft, und zwar für das Konzil der Wächter
und hoffentlich auch für Dich selbst."

„Du und Deine Mitpilger kamen alle auf ihren eigenen
Wegen, teilten sich ihre Zeit in 'Tag' und 'Nacht' nach ei-

gener Gewohnheit ein und erlebten ihre eigenen Abenteuer, die von ihren eigenen Seelen geschaffen wurden. Deine Dir zugeteilte Energiemenge, um Dich auf dem erforderlichen hohen Schwingungsniveau zu halten, war aufgebraucht, und so kam Dein Besuch nun zu seinem Ende. Es mag Dich wundern, daß Ihr alle genau am selben Platz und zur selben Zeit Eure Wanderung beendet habt, trotz des großen individuellen Unterschieds der scheinbaren Richtung und Dauer. Nun, die Faktoren von Raum und Zeit sind in diesem Reich nicht wichtig. In diesem Fall ist die vorgesehene Teilnahme an diesem Ereignis maßgebend für die 'Zentrierung' und 'Synchronisierung' hier."

Eine verrückte Idee kam mir da in den Sinn: Wenn die normale Zeit hier keine Bedeutung hatte, kamen meine Mit-Pilger vielleicht aus einer Zeitperiode, die Jahre früher oder Jahre später lag, als es dieser mein 1975er Sommer war!?

Quentin fuhr fort mit seiner Erklärung:

„Denn dies ist ein zeit- und raumloses Reich. Trotzdem verstrich für Dich eine gewisse biologische Zeit, wenn sie auch nur sehr kurz war, entsprechend der Umwandlungsrate der höheren Schwingungsdifferenz. Wenn Du in der Chaos-Barriere und in das Phantomschiff zurückgekehrt sein wirst, wird von diesem Punkt aus gesehen kaum eine Stunde vergangen sein zwischen Deiner 'Aussetzung' und Deinem Wieder-an-Bord-Gehen."

„Die Ereignisse, wegen derer Teilnahme Du hierherkamst, beginnen nun bald. Es werden auch noch einige Andere dabei anwesend sein." Quentin zeigte auf ein Bündel Kleider, die über einem Stuhl hingen. „Bitte, lege eine Kutte an und folge mir dann. Die Anderen werden dasselbe tragen."

202

Ich legte eine graue Kutte an und zog die Kapuze über meinen Kopf, wie er mir sagte. Dann nahm Quentin eine Fackel von der Wand und forderte mich auf, ihm zu folgen. Wir gingen durch eine Tür in der Mitte, die in ein Labyrinth von Wegen und Durchgängen führte. Ich blieb Quentin dicht auf den Fersen, der sich unermüdlich durch diesen Irrgarten schlängelte, mit festem, sicherem Schritt. Die ganze Zeit über ging es aufwärts, höher und höher, aber immer im Schoß des Gebirges. Wir mußten schließlich eine Meile höher gestiegen sein, seit wir den runden Raum verlassen hatten, als ich vorne etwas Licht bemerkte. Anscheinend näherten wir uns einer Öffnung ins Freie. Nun sagte Quentin zum ersten Mal wieder etwas, seit wir uns in diese Irrgänge begeben hatten.

„Wir sind im Begriff, in den 'Garten' zu gelangen. Wenn wir erst einmal da sind, werden sich die Dinge alle von selbst erklären, oder zumindest erhältst Du die Antwort auf wichtige Fragen auf mentale Weise. Dies erfolgt auf dieser hohen Ebene, die die niedrigste ist, auf die die Wächter in ihrer Ganzheit herabsteigen können, mittels natürlicher Gesetzmäßigkeiten."

Wir traten heraus auf eine Art offener Terrasse, als Quentin mich zu sich her winkte und weiter zu mir sprach.

„Das ist der Garten, wo die 'Ereignisteilnahme', genannt das Fest, stattfinden wird. Dieses Fest gibt es zweimal in hundert Erdenjahren. Es wird sogar in bestimmten Kreisen Eurer fernen Erde gefeiert, und einige der Teilnehmer davon werden hier kurz in einem körperlosen Zustand daran teilnehmen. Nun geh und begib dich zu den Anderen, die hier in ihrer körperlichen Ganzheit anwesend sind, genau so wie Du. Gehe hinunter und – gute Zeit!"

Ein atemberaubend herrlicher Ausblick bot sich meinen ungläubigen Augen. Ich stand auf einer marmornen Terrasse zwischen herrlich geformten riesigen Pfeilern. Die Terrasse bot einen Ausblick auf ein fruchtbares Tal, das sich zwischen Berggipfel schmiegte, die sich in unvorstellbare Höhen erstreckten. Wie hoch hinauf diese Gipfel wohl reichen mochten, wollte ich wissen. Unter mir erstreckte sich ein erhöhtes, halbrundes Plateau. Es war sicher einige hundet Yard breit und mehrere Meilen lang. Es sah aus wie eine Art botanischer Garten, voller unglaublich verschiedenartiger Blumen und Sträucher. Der schwache Duft, der mich erreichte, war unbeschreiblich herrlich, die ozonreiche Luft fast sinnverwirrend. Alles war von einer solch unirdischen, unvorstellbaren, einzigartigen Beschaffenheit. Das mußte der Himmel sein, dachte ich. Ein völlig dramatischer Gegensatz zu der schrecklichen Wildheit der Canyons und dem unterirdischen Labyrinth, das ich eben hinter mir gelassen habe.

Eine Reihe breiter Marmorstufen führte hinunter zu einer weiteren Terrasse, die sich in bunte Pfade und Treppen fortsetzte, die hinunter zu dem halbmondförmigen eigentlichen Gartenplateau führten. Und da waren hunderte, ja vielleicht sogar tausende von Menschen in Mönchskleidung, die auf Bänken saßen oder sich auf Rasenflächen ausstreckten. In einem Halbkreis über dem Gartenplateau war der Berghang mit weiteren Terrassen ähnlich der, wo ich stand, übersät, einige mit einzelnen Gestalten, die die Treppen herabstiegen.

Da sich das Tageslicht rasch in Dämmerung verwandelte, beschloß ich, weiterzugehen. Ich wandte mich um, Quentin anzusprechen, aber er war nicht mehr da, einfach verschwunden. So begann ich auf eigene Faust die Marmortreppen hinunterzugehen, als wäre es eine einstmals vibrierende Akropolis aus alten Zeiten. Ich fühlte mich überglücklich, voll beglückender Vorfreude.

Niemand sprach mich an, als ich durch den Garten ging,

zur entgegengesetzten Seite des Plateaus. Dort setzte ich mich auf einen grasbewachsenen Abhang, der eine gute Rundsicht bot. Die Menschen hielten sich jeder für sich, doch fühlte ich mich in Freundschaft mit ihnen verbunden, ja sogar familiär. Die Nacht brach über das Tal herein und Dunkelheit begann die gegenüberliegenden Bergketten einzuhüllen, und Nebel legte sich auf die Gipfel.

Als die Dunkelheit hereinbrach, schienen vom Abhang gegenüber Lichtpünktchen in geordneter Reihe herabzusteigen. Es sah aus wie eine Prozession von fackeltragenden Mönchen. Es war feierlich, herzerwärmend und klang wie ein vom Himmel kommender pentatonischer Chor. Mein ganzes Wesen war erfüllt von Frieden, Feierlichkeit und Ehrfurcht.

Nun erschienen auf den Terrassen zwischen den Pfeilern pastellfarbene, sanft glühende und pulsierende Kugeln von Licht, Schildwachen gleich. Es waren ungefähr fünfzig, alles lebendig und machtvolle Wesenheiten. „Die Wächter sind hier!" Ich hörte ein erregtes 'telepathisches Murmeln' durch die versammelte Menge gehen. So bildeten also diese eindrucksvollen nicht-physischen Formen das große Konzil der Wächter!

Der Himmel über dem Tal füllte sich langsam mit tausenden und abertausenden winziger Lichtpunkte, die die Dunkelheit allüberall aufblitzen ließen. In diesem Augenblick wußte ich, daß dies lebendige Seelen waren, die irgendwie auf astrale Weise hierher kamen, magnetisch angezogen von diesem tiefgreifenden Ereignis, während ihre Körper sich weit weg in den verschiedensten Dimensionen befanden. Sporadisch kam ein viel stärkerer Lichtpunkt aufleuchtend in Sicht und rieselte von oben herab, wie ein landendes Raumfahrzeug bei seiner endgültigen Annäherung an einen geschäftigen Landeplatz. Beim Näherkommen erschienen ihre Lichter fast so stark wie die der Wächter, waren jedoch anders getönt. Sie landeten nicht, sondern blieben in geringem Abstand über der Szene schweben. Irgendwie wußte ich es wiederum ohne Zweifel: Das waren die Kosmischen Reisenden, die 'frei mitarbeitenden' Wesenheiten, die den multidimensionalen Kosmos in ihrer eigenen persönlichen Mission durchwandern, als die 'Arbeiter im Weinberg' für das Konzil der Wächter. Diese Kosmischen Reisenden erschienen diesmal als reine Energieformen, doch konnten sie auch andere Gestalt annehmen, entsprechend ihrer jeweiligen Rolle. Gerade so, wie Quentin es tat! Ich fühlte mich schon eingeschüchtert beim bloßen Gedanken daran, von welcher Natur sie wirklich waren.

Zu diesem Zeitpunkt änderte sich die Art der Musik vollkommen: Plötzlich klang sie, als käme sie von allen Richtungen gleichzeitig und auf vielen verschiedenen Wegen, doch mündete alles in eine große Harmonie ein. Dann plötzlich packte mich die Vorstellung: Ich hörte die überschnellen Überkreuz-Verbindungen aller Wächter und Reisenden zugleich, für meine Ohren im einzelnen zwar nicht verständlich, aber einmündend in etwas, was einer von vielen Orchestern gespielten Symphonie glich. Ich fühlte wirklich, daß die 'Symphonie' aus individuellen Gesprächen, Berichten, Meinungsaustausch über den Zustand ferner Welten bestand, und das Zusammenwirken mit großer Freude und Überschwenglichkeit gefeiert wurde. Und obwohl ich gewissermaßen nur den 'Fall-Out' mitbekam, fühlte ich die über mich hinweggehenden Wogen von Freude und Dazugehörigkeit. Selbst die flackernden Lichtpunkte der Bewußtheiten, die körperlich nicht anwesend waren, schienen in einer Art von freudigem Rhytmus mitzuschwingen.

Dann begann die ganze sich auftürmende Gebirgswand aufzuleuchten, als würde sie in den Strahlen einer aufgehenden Sonne gebadet. Das Licht breitete sich rasch bis in schwindelnde Höhen aus, auf diese Weise eine strahlende Ansammlung traumhafter Paläste und Spitzen antiker goldener Städte enthüllend. Eine hochdramatische Enthüllung, die wirkliche Sicht auf ätherische Grazie und Schönheit einer anderen Welt. Dann kamen langsam von den weit entfernten Höhen sieben verschiedene, mächtige, gewaltige Wesen herab. Ihre herrlich glänzenden Auren glichen so manchen mächtigen Kometen und zeigten alle Farben des Regenbogens. Und wieder hatte ich, ohne eine Frage zu stellen, die Anwort in meinem erregten Bewußtsein: Die Meister sind im Begriff, zu kommen! Sie kamen des Wegs herab von den höchsten Höhen der noch manifesten Schöpfung, eine Reise, die entfernt mit der Meinen von der Erde zu vergleichen war. Sie kamen zu diesem niedrigsten Grenzpunkt ihres Reiches, um uns direkt zu treffen, zu einem völligen Austausch in so vielfältiger Weise, wie ich es mir in meinem gegenwärtigen Zustand wahrscheinlich gar nicht vorstellen konnte. Doch war ich schon glücklich darüber, wenigstens eine Ahnung von dem Wesen dieser Geschehnisse zu haben.

Mit der Ankunft der Meister fühlte ich mich erfüllt von fantastischem Auftrieb und triumphierender Weitsichtigkeit, als wären ganz plötzlich viele, viele Schleier hinweggezogen, und ich konnte auf schwindelerregende Mengen von Dimensionen und Reiche verschiedenster Existenzen ohne Ende blicken. Und alle diese Reiche wimmelten von einer unendlichen Vielfalt von Leben innerhalb ihrer verhältnismäßigen nicht-physischen oder irgendwie auch physisch erscheinenden Umgebung. Diese plötzliche Wissensexplosion von Megatonnen von Proportionen ließ fast alle Sicherungen in mir durchbrennen. Ich spürte eine ekstatische Ausdehnung meines Bewußtseins, das nun unglaubliche kosmische Bereiche zu umfassen schien. Und doch fühlte ich auch triumphierende

Freude, die man sich gar nicht vorstellen kann. Ich war dem Zerspringen nahe und glaubte, für ewig und immer dahinzugehen. Ich spürte, es war völlig unmöglich, in mir diese Vision noch länger aufrechtzuerhalten, besonders mit dieser Menge lebendiger Einzelheiten, die nicht einmal in tausend menschlichen Gehirnen Platz hatten.

Zum Glück ergab sich an diesem Punkt eine neue Entwicklung, die alles andere überstrahlte und das erschreckend grandiose kosmische Panorama meines armen menschlichen Verstandes verdrängte. Über mir öffnete sich buchstäblich die Mitte des indigo-blauen Himmels, der *ein strahlend helles, weiß-goldenes Licht über jeden von uns und über alles ausgoß, auf eine sanfte, fast zärtliche Art und Weise. Mein Herz, mein ganzes Wesen waren durchdrungen von einer fast nicht zu ertragenden Freude, als ich mich zusammen mit allen anderen hier Anwesenden von einer großen Liebe berührt und eingehüllt fühlte. „ER ist es! ER kommt!" Telepathisch 'hörte' ich den Jubel der Menge. Seltsamerweise wurde aber kein Name 'erwähnt', was mir damals aber ganz natürlich erschien.*

Eine Woge starker Kraft erfaßte mein tiefstes Inneres. Plötzlich war es, als würde ich mit tausend Augen in das weiß-goldene Licht blicken, auf unbegreifliche Weise in eine umfassende Ansammlung unbeschreiblicher Sphären und großer Harmonien schauend. Und die ganze Summe von all diesem war in dieser einen allumfassenden Wesenheit beschlossen, in IHM. Dies erschien als die letzte Möglichkeit zu 'sein', jenseits derer es nur noch einen schwachen Hinweis auf noch höhere Reiche und Möglichkeiten, die noch kommen würden, gab, und hinter der mein ganzes Wesen fast verschmolzen wurde in diese wirkliche Quelle des weiß-goldenen Lichtes.

So wie ich in diese grandiose Szene schaute, so fühlte ich selbst betrachtet zu werden bis ins Innerste meines Wesens, analysiert und eingeschätzt, wo ich und mein irdisches Menschsein ihren Platz hatten. Ja, ich konnte mich in diesem Augenblick fast durch ihre Augen sehen. Einen *winzigen Augenblick lang kreuzten sich mein 'Hinausblikken' und ihr 'Hineinblicken' und beides verschmolz ineinander, so daß ich nicht mehr sagen konnte, ob sie 'Ich' oder ich 'Sie', oder überhaupt, wer nun wer war – und es war auch ohne Bedeutung, denn wir alle waren Eins, und innen oder außen war nur noch eine Frage entgegengesetzter Blickpunkte.*

Schließlich gab ich es auf, mein kleines 'Ich' von dem mächtigen 'Sie' oder was immer sie waren zu trennen. Ich gab es auf, zu vergleichen und einzuordnen. Irgendwie wußte ich, daß all dies seinen Sinn hatte, alle Verschiedenheiten wurden von einem viel, viel höheren und allumfassenden Blickwinkel aufgelöst, und es war nicht meine Sache, dies alles voll zu begreifen, eben wegen der offensichtlichen Begrenzungen. Jenseits dieses höchsten Punktes meines vollen Begreifens fühlte ich nur eine große Erleichterung, und ich wußte, daß alles wirklich gut war, und für mich und meinen Zustand ebenso bedeutungsvoll wie für die höheren Wesenheiten, die ich erblickte. Wir waren alle eine große Familie, vom Einfachsten angefangen, bis zum am höchsten Entwickelten. Wir alle gehören der gleichen großen Menschheitsfamilie an, ohne Rücksicht auf Gestalt, Reich oder Art. In späterer Zukunft würde ich werden wie sie, und einmal waren sie eine so einfache Wesenheit wie ich. Es war alles nur eine Sache der Erfahrung durch viele Arten von Existenzen, eine Sache des Lernens und Wachsens an Wissen, Fähigkeiten und Stellung. Doch jede Phase dieses großen Abenteuers des Wachsens war für sich in gleicher Weise wichtig und sollte in ihrer Ganzheit ausgekostet und in jedem Augenblick voll erlebt werden.

Das einzig Wichtige war, im 'hier und jetzt' zu leben, denn das ist der stets gültige Rat des Seins und Wachsens für jeden. Andernfalls würde man am wahren Sinn der Existenz vorbeigehen.

Formen, Erscheinungsweisen, Niveaus waren nur das Produkt des Bewußtseins. Raum und Zeit existieren eigentlich im wahrsten Sinne nicht als solche, sondern sind nur Begleiterscheinungen unserer selbstbegrenzenden Systeme. Weniger entwickelte Wesenheiten wie ich funktionieren nur eine gewisse Zeit in einem gegebenen System. Aber die höher Entwickelten können gleichzeitig in verschiedenen Systemen existieren, in irgend einer oder in gar keiner Form, wie sie es für passend finden. Zum Beispiel existieren die Meister vorzugsweise in ihrer Essenz, ohne irgend eine besondere Form oder Gestalt. Aber sie können eine geeignete Gestalt annehmen, um sich aus einem besonderen Anlaß zu manifestieren, eine Gestalt, die auf geeignete Weise ihre Wesenheit symbolisiert.

Natürlich konnte ich ohne meine Wahrnehmungsverstärker nicht an die Möglichkeiten herankommen alles zu verstehen, geschweige denn einen Bruchteil von dem zu begreifen, was mir in meinem 'verstärkten' Zustand möglich war. Und selbst dann komme ich der tatsächlichen Wahrheit nur ungefähr nahe, da die auf der sinnlichen Wahrnehmung basierende psychologische Struktur meines Wesens nur diese bestmögliche Art der Interpretation erlaubte.

All diese Einsichten und vieles mehr erfüllte wie automatisch mein Wesen, was immer dieses 'Wesen' zu dieser Zeit gewesen sein mochte. Obwohl mein persönliches Bewußtsein sich so wie das von allen Anderen in dem Garten mächtig ausgeweitet haben mußte, argwöhnte ich doch, daß ich/wir uns nur in einem großen kollektiven Feld von Bewußtsein vereinigt hatten, mit nur individuellen Gesichtspunkten, die so viele abstrakte 'Ich's' im Gedächtnis behielten.

Nach einiger Zeit wurden die Dinge verschwommen, als ich mich darum bemühte, mehr in das Wesentliche all dieser Manifestationen einzudringen, statt nur in ihre bloße äußere Gestalt. Dann, als irgend ein Teil von mir sich weiterhin in das Wesentliche hineintastete, fühlte ich mich mit meinem ganzen Wesen regelrecht in das weißgoldene Licht hineingezogen, während Woge um Woge ekstatischer Seligkeit über mich hinwegflutete...

Der letzte Fetzen eines bewußten Gedankens sagte mir, daß alles in Wirklichkeit unwichtig war, und nichts, wirklich, nichts mehr irgend etwas bedeutete: Denn ich war zu Hause, in dem einzigen Zuhause, das man überhaupt haben kann...

Wie lange ich 'außer mir' war, davon habe ich keine Idee. Als ich wieder in meinen 'normalen' Zustand zurückkam, war alles dunkel und still um mich. Der ganze Garten war verlassen, aber immer noch freundlich und friedvoll. Ich fühlte mich überglücklich und außergewöhnlich leicht. Außer mir und weiteren sechs Mönchen mit ihren Kapuzen, die in der Nähe standen, war niemand mehr da. Nebel stieg aus dem Tal empor und unterband die an sich schon begrenzte Sicht.

Eine Gestalt im Mönchsgewand löste sich aus dem Nebel und blieb bei unserer kleinen Siebenergruppe stehen. Der Mann war an seinem unbedeckten blonden Haar leicht zu erkennen. Es war Quentin. Er war es wirklich, aber mit einem großen Unterschied. Eine ruhige Ausstrahlung war jetzt um ihn. Es war ein sanfter Lichtschimmer, der ihm ein wirklich außerirdisches Aussehen gab. Welch eine Veränderung!

„Seid gegrüßt, tapfere Pilger." – Er begann zu sprechen, offensichtlich zu uns allen. „Das Fest ist vorüber, mögen Euch sein Ernst und seine Schönheit lange Zeit begleiten. Das ganze Ereignis schien Euch nur ein paar Stunden zu dauern, aber für andere war es mehr als ein Monat. Es ist alles sehr relativ, je nach Ebene des Begreifens jedes Einzelnen. Mit dem Ende dieses Festes neigt sich jetzt auch Euer Besuch in diesem Reich seinem Ende zu. Der Zweck eurer Odyssee ist erfüllt, meine Mission ist beendet. Ihr hattet eine denkwürdige Reise. Ihr saht das Konzil der Wächter und auch die Aufgestiegenen Meister. Sie sahen Euch und erfuhren aus erster Hand, auf welcher Stufe der kosmischen Evolution Ihr und die Irdischen sich befinden und was Eure realisierbaren Möglichkeiten in der Zukunft sind. Sie verbanden sich ausführlich mit jedem von Euch auf einer individuellen Basis, zugleich aber auch mit allen Anderen in der Menge. Einige Teile dieses Vorgangs wurden von Euch in wunderbarer Weise begriffen. Außerdem erfuhrt und erlebtet Ihr alle die ganze Odyssee und die Teilnahme am Fest in Eurer gewohnten Ganzheit, nahmt alles mittels Eurer objektiven Sinne wahr, nicht nur in einem Traum oder in einer Vision. Diese totale Teilnahme war der andere Zweck dieser Mission. Deshalb wurdet Ihr hier körperlich hergebracht mittels Raumreise und besonders ausgearbeiteter molekularer Prozesse."

„Doch Technologie ist nicht die letzte Antwort, wie notwendig und eindrucksvoll sie auch scheinen mag. Völlig im Bereich des Möglichen liegt es, ähnliche Reisen auf eigene Faust durchzuführen, in Richtung Eures eigenen Inneren. Ohne den Körper natürlich, allein mit Eurem Bewußtsein, das der einzige wahre Reisende und der einzig wahre Kundschafter ist. Je mehr Euer Bewußtsein sich entwickelt, desto lebensnaher wird Eure Reise in die verschiedenen Dimensionen sein. Der Vorgang ist entfernt dem ähnlich, was die Erdenmenschen 'Astral'- und 'Seelenreisen' nennen. Die Fähigkeit kann entwickelt werden durch besondere meditative und andere verwandte Methoden. Diese Methoden können sehr hilfreich für den Anfang sein, aber schließlich müßt Ihr selber lernen, durch Scharfsinn und Einfallsreichtum. Andernfalls werdet Ihr nicht weiterkommen."

„Euer Besuch hier ist nun vorüber. Ihr werdet jetzt zurückgebracht in Eure jeweilige heimatliche Umgebung. Bald wird ein Ätherschiff hier landen und Euch durch das 'Auge' in die Chaos-Barriere bringen. Das Schiff, das zu kommen sich anschickt, ist mehr als eine Gedankenform. Es wurde vom Konzil für diese Gelegenheit geschaffen. Sobald das Schiff seine Aufgabe erfüllt hat, wird es sich auflösen. Die Antriebskraft wird Eure eigene schwerer werdende materielle Vibration sein, die Richtung findet die Verwandtschaft Eurer Phantom-Haut mit dem Phantom-Schiff. Einfach und genial."

„Dank Eures immer noch hohen Bewußtseinszustandes werdet Ihr alle wichtigen 'technischen' Einzelheiten Eurer Rückreise kennen. Das geschieht durch einen bewußtseins-steuernden Prozess der das Schiff lenkenden Intelligenz. Ihr werdet voll und ganz in der Lage sein, das Gehirn des Schiffes zu verstehen, sei es das kommende Ätherschiff, das Phantom-Schiff, die Untertasse oder was immer. Es ist Tatsache, daß Ihr auf diese Weise auch lernen werdet, jedes derartige Fahrzeug selbst zu steuern. Und das ist ganz im Sinne des Konzils. Die Wächter wollten nämlich wirklich, daß Ihr das Steuern lernt, denn dies *war nämlich ein weiterer Zweck Eurer Odyssee. Auf Eurem Weg zurück zur Erde werdet Ihr darin geübt, größere Typen von 'Rettungs-Untertassen' zu bedienen, in denen Hunderte von Menschen untergebracht werden können, und ebenso werdet Ihr trainiert, die 'Weltraum-Archen' zu steuern, in denen tatsächlich zu gleicher Zeit Tausende von Menschen weggebracht werden können. Durch dieses Training könnt Ihr in vieler Hinsicht hilfreich sein, sollte die 'Operation-Rettung' im Falle extremer Verhältnisse notwendig werden. Das Konzil wünscht, daß Ihr äußerste Besonnenheit walten laßt, wenn es um die Rettung der Erdenmenschen geht, und ebenso beim Beherrschen der zentralen Intelligenz des Raumschiffes, falls dies die lokalen Bedingungen erfordern sollten. Und, natürlich, all dies nur unter einer Bedingung: Im Einvernehmen mit den Absichten des Konzils, die sich auf die Harmonie mit dem kosmischen Gesetz gründen, dessen Ihr zu der Zeit voll gewahr sein werdet."*

„Das Wissen, wie die Raumschiffe zu steuern sind, ist viel zu kompliziert, um ins Bewußtsein zurückgerufen zu werden, solange Ihr Euch in Eurem normalen Zustand befindet. Doch es wird in Euch bewahrt, *bis es durch eine Schwingungserhöhung eigens ausgelöst wird. Im Notfall werden wir Kontakt zu Euch aufnehmen, vorausgesetzt daß Ihr im öffentlichen Interesse zu einer Zusammenarbeit bereit seid. Bis dahin ist es Euch freigestellt, ob Ihr schweigen oder über Eure Erlebnisse berichten wollt.* Es wird aber in Eurem normalen Zustand eine Zeitlang brauchen, bis Ihr selbst eine sinnvolle Ähnlichkeit all dieser Ereignisse in Euer Gedächtnis zurückrufen könnt. Auch ist teilweiser Gedächtnisverlust ganz normal.

„Um das Erinnerungsvermögen zu stärken, wird es hilfreich sein, zu meditieren, vor allem in einer Gruppe gleichgesinnter Menschen. Die Ergebnisse bei der Verwendung verstärkender Gruppen-Energie können erstaunlich sein, besonders wenn ein Mitglied es versteht, die Gesamtsumme der Energien in eine bestimmte Richtung zu lenken. Ihr würdet es nützlich finden, eine entsprechende Kern-Gruppe zu bilden oder Euch einer schon existierenden anzuschließen, die eine Neuorientierung anstrebt in Richtung auf ein vernünftigeres Wertsystem und einen besseren Lebensstil, auf ein lohnenderes neues Bewußtsein – in Richtung auf das Licht, sozusagen. Denn diese Art des Vorgehens ist allgemein bekannt als das 'Sich zum Lichte wenden'. *Es gibt auf der Erde schon viele Zentren oder Tempel des Lichts, und noch viel mehr werden eröffnet werden, dank gemeinsamer Bemühungen, wo gleichgesinnte Menschen informiert, gestützt und entwickelt werden können für das kommende neue 'Wassermann-Zeitalter'.*"

„Bald werdet Ihr einen Begriff davon haben, was Sinnes-Verbindung überhaupt bedeutet. Auf den verschiedenen Etappen Eurer Rückreise werdet Ihr alle im gleichen Raumschiff sein, jedoch in isolierten Abteilen, um die Anonymität zu wahren. Doch vermittels eines natürlichen telepathischen Stoffwechsels wird jeder das Wesen der anderen erkennen. Dieser Vorgang steht über allen Worten oder Bildern, aber auf bestimmten Ebenen werden all Eure Sinne ineinander verschmelzen. Welche weiteren Kenntnisse Ihr aus diesem Vorgang gewinnen könnt, hängt von der Fähigkeit jedes Einzelnen ab. Auch wird es ein interessantes Experiment in Sinnesausrichtung und Zusammenarbeit sein."

„In der Zukunft werden sich wahrscheinlich Eure Pfade kreuzen, oder *Ihr trefft Menschen, die andere Reisen machten oder andere Kontakte mit uns hatten.* In diesen Fällen werdet Ihr eine Art dämmernden Wiedererkennens spüren, dank Eures 'sechsten Sinnes'. Bisweilen wird es sich lohnen, einer Spur zu folgen und mit solchen Menschen in Kontakt zu kommen. Durch gemeinsame Anstrengung wird es leichter, Eure verschiedenen 'Puzzle-Steine' zusammenzufügen, und daraus mag sich wieder mancher unklare Aspekt Eurer eigenen Odyssee erhellen. Ihr werdet dann finden, daß die individuellen Berichte etwas voneinander verschieden sind, abhängig davon wie einer hierher gelangte, wie er die Ereignisse begriff und welche Deutung er allem gab."

* * * * *

Ein schwacher Lichtschimmer erschien am sternenlosen, indigoblauen Himmel und kam direkt auf uns zu. Als er sich näherte und sich zu landen anschickte, erwies er sich als ein diamantförmiges, weiß-blaues, zart durchscheinendes Raumfahrzeug. Es sah wirklich eher aus wie eine zerbrechliche Gedankenform...

„Hier ist Euer ätherischer Transport, Damen und Herren. Steigen Sie gleich ein, und gehen Sie in Ihr jeweiliges Abteil. Der Rest ist automatisch", informierte uns Quentin.

„Und nun ist es Zeit, Lebewohl zu sagen und gute Reise zu wünschen. Es war ein Privileg und eine Freude, mit Euch allen zu arbeiten. Nach Eurer Rückkehr zur Erde werdet Ihr feststellen, daß die im Ganzen seit Eurem Wegflug von dort verstrichene Zeit ungefähr drei Tage betragen hat."

„Auf Wiedersehen, bis wir uns wieder treffen!" Quentin winkte uns herzlich zum Abschied zu.

Alle sieben von uns Pilgern schritten nun hin zu dem bereits gelandeten und wartenden ätherischen Diamanten eines Raumfahrzeugs. Die Rückreise hatte begonnen, und das Ende des großen UFO-Abenteuers war nahe. Doch seltsam, mir schien es nicht, als näherte sich meine Weltraum-Odyssee ihrem Ende. Es war mir eher wie ein Neubeginn: Ich war sehr erregt, so als würde ich mich für ein noch größeres bevorstehendes Abenteuer einschiffen...

* * * * *

216

Über mich als Autor

Ich bin 1928 in Ungarn geboren. In Toronto lebe ich seit 1957 und arbeite in der Nachrichten-Industrie als Elektronik-Techniker. Entgegen meinem früheren Desinteresse an UFO-Erscheinungen und Ähnlichem, wurde ich an psychischen-metaphysischen und ähnlichen Bereichen erst seit meinen ersten UFO-Kontakten 1974/75 interessiert. Nach all diesen Jahren halten meine außerirdischen Freunde weiterhin Kontakt. Sie haben ihre eigenen Wege der Verständigung, einschließlich der Überwachung von Menschen und Ereignissen.

Jetzt begreife ich die volle Bedeutung der Mission unserer außerirdischen Raumfreunde, und ich habe mich entschlossen, das Meine dazu beizutragen, um hierbei zu helfen. Meine Absicht ist es, meine Erfahrungen zu veröffentlichen, und die Tatsache der Existenz der außerirdischen Intelligenzen weiterzuverbreiten an alle, die an den irdischen Angelegenheiten interessiert sind, sowie mich ihrem beharrlichen Drängen anzuschließen, ihr Wort zu verbreiten, wann immer neue Informationen auf mich zukommen. Denn ich bin jetzt ein Teil ihres Teams. Ich spüre auch, daß meine Einbeziehung in dieses Gebiet erst jetzt gerade begonnen hat, und daß mir noch weitere Erfahrungen und Begegnungen bevorstehen.

Wir leben in einer Welt enormer Kräfte, sichtbarer und unsichtbarer, die einen überaus starken Einfluß auf uns ausüben. Und es ist Tatsache, daß der Großteil dieser Kräfte gut und wohlmeinend, andere aber böse und feindlich uns gegenüber sind.   O. M.

Letzteres verstehen wir s o , daß beide Kräfte dazu dienen, unser Unterscheidungsvermögen zu erweitern sowie uns zu erhöhter geistiger Selbständigkeit anzuregen und zielsicher hinzuleiten.   *K. V.*

Ereignis über dem Bermuda-Dreieck

Toronto/Ka., April 1985

Liebe Freunde!

Hiermit beantworte ich Ihren Brief vom 30. März 1985 betreffend meines seltsamen Erlebnisses eines 'Zeit-Stops' über dem Bermuda-Dreieck, das an Bord eines Non-Stop-Charterfluges der 'Nord-Air' am 19. Oktober 1974 zwischen 3.20 und 3.40 Uhr Nachmittags Ortszeit stattfand. Das Flugzeug mußte wegen eines angesagten Unwetters einen Umweg in nordöstlicher Richtung machen. Ungefähr 50 Meilen von der Küste entfernt, über der offenen See, alle Passagiere waren noch angeschnallt, bemerkte ich, daß alle Leute plötzlich bewegungslos wurden, so als wären sie „eingefroren". Dieser Zustand dauerte 17 Minuten, doch danach benahmen sich alle so, als wäre nichts geschehen. Während dieser 17 Minuten war die Luft im Flugzeug wie elektrisch aufgeladen, und es schien, als würden wir durch Schichten dunkler Wolken fliegen. Mein Erinnerungsvermögen geht nicht weiter. Doch meine extraterrestrischen Freunde der GALAKTISCHEN KONFÖDERATION waren dazu bereit, das Geschehen in einer kürzlich erbetenen telepathischen Verbindung zu erklären.

Dies geschah von einem Raumschiff aus, das sich über dem Ontariosee in der Nähe von Toronto befand. Diese Verbindung wurde ermöglicht durch Flotten-Kommandant Han-Sen. Gesprochen wurde die Botschaft durch meine 'Aktivierte Stimme' und von meinem Freund Les Cherni auf Tonband aufgenommen.　　　　O. M.

Durchgabe von HAN-SEN:

Als Oscars Flugzeug zufällig durch ein stets dahindriftendes und plötzlich aktiviertes 'Fenster' des Bermuda-

Dreiecks in den Weltraum einer anderen Dimension hineingezogen wurde, eilte ein in der Nähe befindliches Raumchiff, das von der Föderation alarmiert wurde, zu Hilfe. Zu diesem Zeitpunkt waren schon alle Passagiere in einem leblosen Zustand 'eingefroren', hervorgerufen durch den Transit-Effekt des 'Fensters'. (Oscar war ebenfalls in diesem Zustand, wenn er sich auch dessen nicht bewußt war. Er, wie auch die anderen Passagiere, hatten zu keiner Zeit das Gefühl etwas zu vermissen, außer daß sie vielleicht eine leichte Unbehaglichkeit spürten.)

Glücklicherweise kam das alarmierte Raumschiff gerade rechtzeitig an, um das Flugzeug aus seiner Amnesie – in der Dimensionsverzerrung – herauszureißen, indem es die Maschine mit dem schützenden Kraftfeld eines 'Traktor-Strahls' erfaßte und festhielt.

Aufgrund einer raschen Computerüberprüfung der Auren der Flugzeuginsassen wurde festgestellt, daß sich ein neu vorgesehener UFO-Kontaktler namens Oscar Magocsi an Bord befand (das war ein Monat bevor ihn einer von unserer Weltraum-Mannschaft anläßlich seiner ersten UFO-Sichtung kontaktete).

So nahmen wir uns die Freiheit, das Flugzeug zehn bis fünfzehn Minuten länger als es notwendig gewesen wäre festzuhalten, nahmen es sogar in das offene, aber geschützte Dock eines eine halbe Meile langen Raumschiffes auf, wo sogar Personal der Flotte physisch an Bord ging. Das erfolgte deshalb, um Oscars Aura- und Biofelder aus der Nähe zu prüfen, vor allem hinsichtlich möglicher, künftiger Kontakte und Raumreisen. Währenddessen wurden auch alle anderen Passagiere routinemäßig überprüft...

Mit scheint, daß obiger Vorfall meiner Weltraum-Odyssee im Jahr 1975 dienlich war – vielleicht war er sogar beabsichtigt – wie auch viele andere Kontakte mit meinen Freunden aus dem Weltraum seither. Ein neuerliches Zusammentreffen erfolgte im Februar 1985 bei den Pyramiden von Teotihuacan in der Nähe von Mexico City.

Oscar Magocsi

Umschlag der amerikanischen Ausgabe

MY SPACE ODYSSEY IN UFOs

By Oscar Magocsi

Bilder und Karten

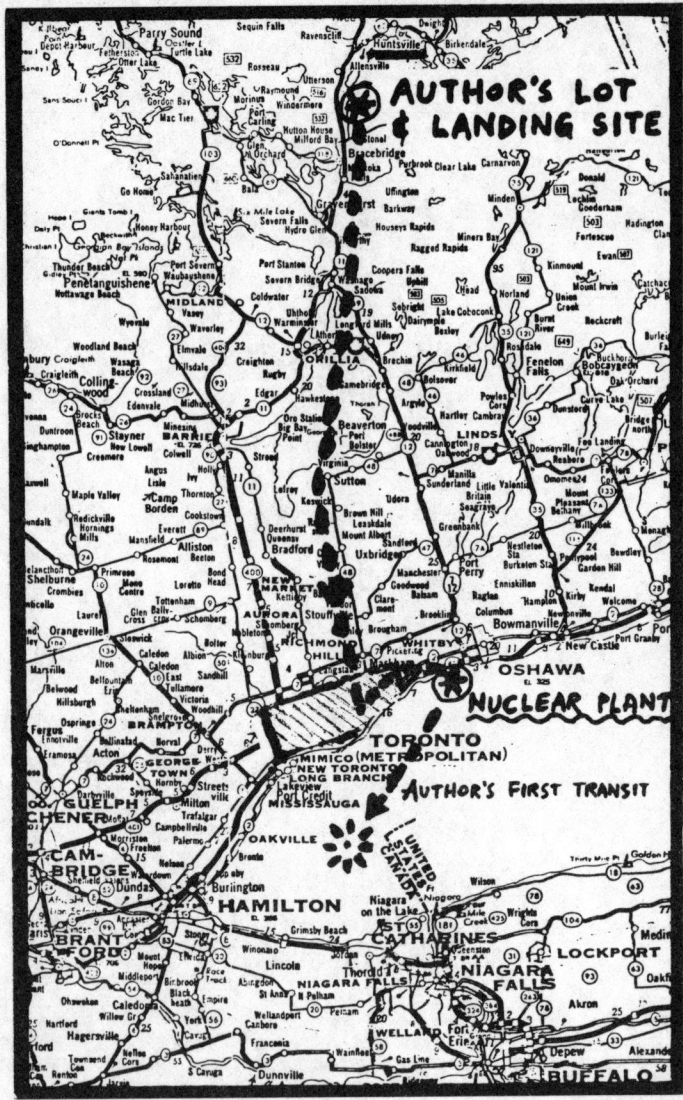

Obige Karte zeigt den Reiseweg des Autors vom Landeplatz des UFOs nach Toronto, dann zum Pickering-
Atomkraftwerk und schließlich zum Ort seines ersten
interdimensionalen Transits auf halber Strecke zwischen
Mississauga und Niagara-on-the-Lake über dem Ontario-See.

Als Folge meiner Erfahrungen mit den Außerirdischen und deren Einfluß auf mich wurde ich mehr in die geistige Richtung orientiert, und mein psychisches Wahrnehmungsvermögen wuchs. Ich wurde ausgesprochen lebensbejahend und als Ergebnis alles dessen innerlich ausgeglichener, glücklicher und zufriedener.

Der Autor 1975

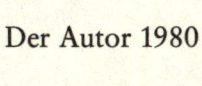

Der Autor 1980

Diese inneren Veränderungen drückten sich auch äußerlich aus. Im Lauf der Jahre wurde die Persönlichkeit und damit auch der Gesichtsausdruck wesentlich weicher und milder.

Der Verfasser deutet auf den Landeplatz der Untertasse auf einer Waldlichtung.

Foto: Oscar Magocsi

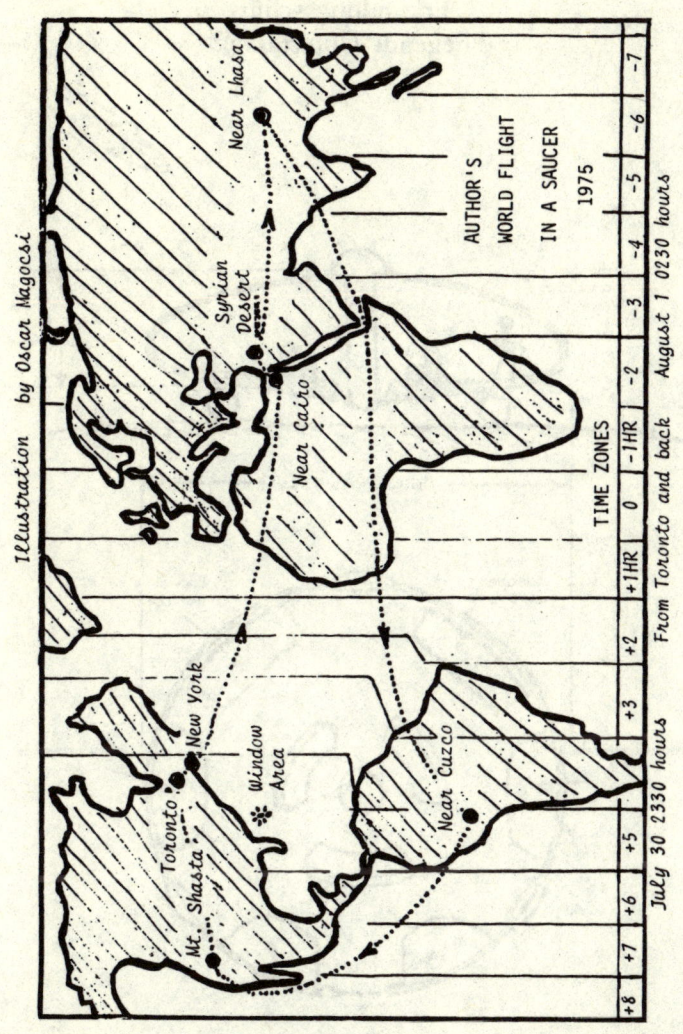

Der Weltflug des Verfassers in einer „Fliegenden Untertasse" im Jahr 1975. Der Flug dauerte von Toronto über
New York, Ägypten, die Syrische Wüste, Tibet und zurück über Cuzco und den Mount Shasta vom 30. Juli
23.30 Uhr bis 1. August 2.30 Uhr (27 Stunden).

„Erkundungsschiff (Fliegende Untertasse)"

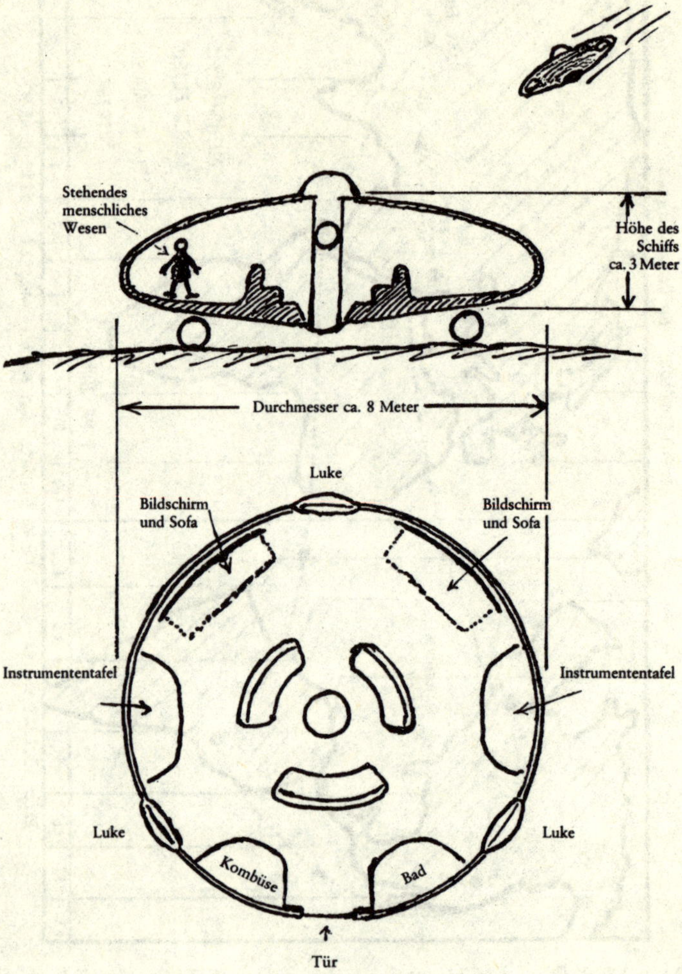

Stehendes
menschliches
Wesen

Höhe des
Schiffs
ca. 3 Meter

Durchmesser ca. 8 Meter

Luke

Bildschirm
und Sofa

Bildschirm
und Sofa

Instrumententafel

Instrumententafel

Luke

Luke

Kombüse

Bad

Tür

226

Mutterschiff (Trägerschiff)

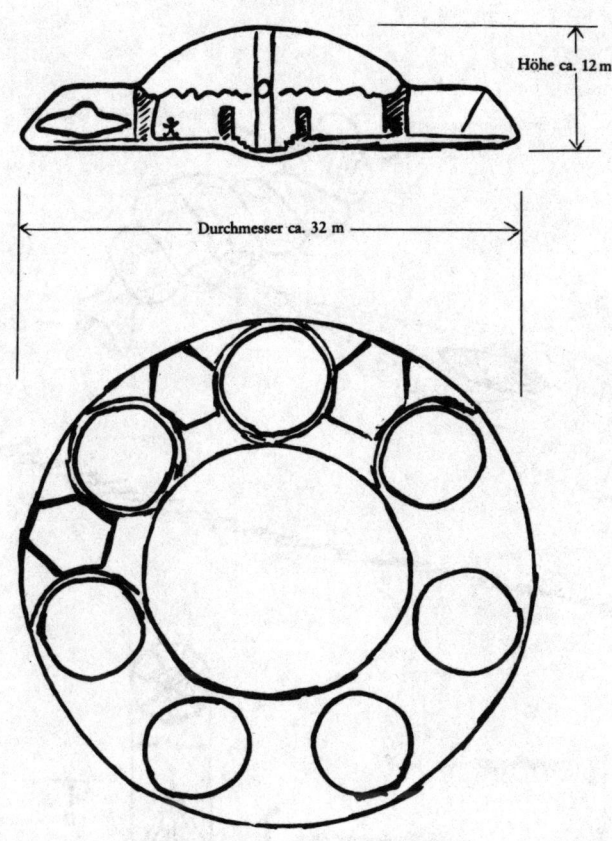

Höhe ca. 12 m

Durchmesser ca. 32 m

Phantom-Schiff
ungefähr 40 m lang, ca. 10 m breit

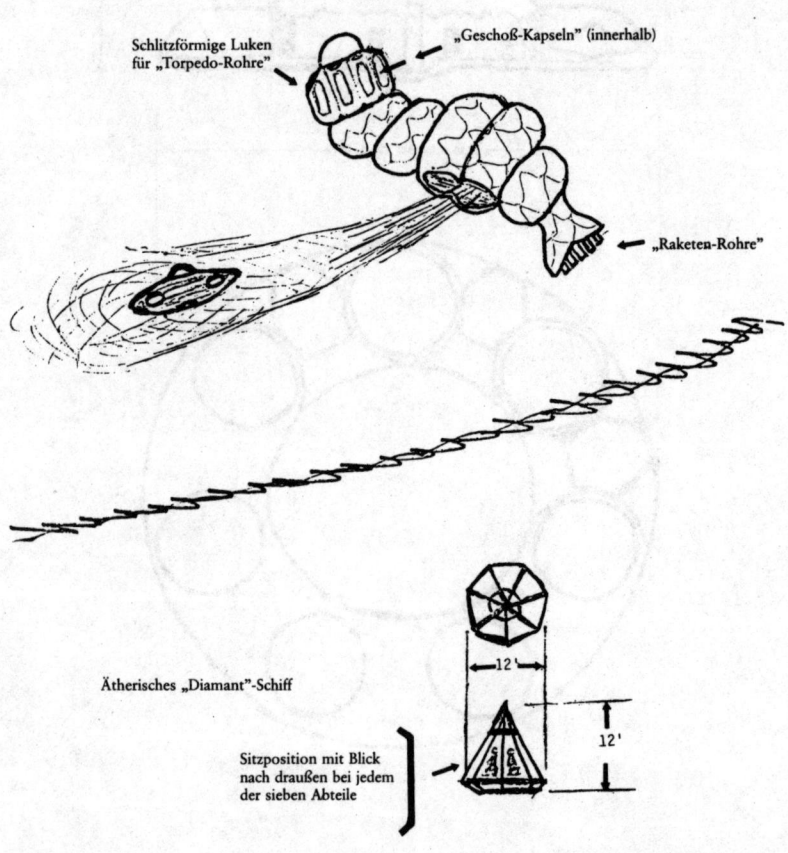

Schlitzförmige Luken
für „Torpedo-Rohre"

„Geschoß-Kapseln" (innerhalb)

„Raketen-Rohre"

Ätherisches „Diamant"-Schiff

Sitzposition mit Blick
nach draußen bei jedem
der sieben Abteile

12'

12'

The dreaded Men In Black

Six years ago. a freelance writer named Paul Longstaff rented an isolated cottage in upper New York State to write a book he had been planning for years.

Longstaff was a UFO enthusiast and in the book he intended to expound on his pet theory: that without our knowledge. we had already been invaded from outer space — and extraterrestrial beings were living here on Earth.

At first. the work went well. Then. on a clear brisk April morning. he received a visit from the Men in Black.

"There were three of them." he wrote to a friend after the visit. "They arrived in a black limousine and all were dressed in identical black suits."

REFERENCES: Newspaper clipping the author found in the back seat of his car several days after his first run in with the MEN IN BLACK. The underlining at the bottom is in RED. Could this possibly be a warning to the author --- 'not to publish his book?'

According to Longstaff. the men had come to him with an extraordinary tale. They knew he was writing a book about alien beings. they told him. And they had come to ask him not to publish.

"They identified themselves as extra-terrestrials." Longstaff wrote later. "They said they were currently conducting mining research and exploration under the polar ice cap and in the Bering Sea.

"They were very intimidating." he added.

"They said that I would simply be 'removed' if I did not comply with their wishes."

Last year. Longstaff finally finished the manuscript and mailed it off to a well-known publishing house. They liked it, decided to publish it and are now trying to contact him in order to obtain his signature for the necessary book contract.

But they are not having much success.

Paul Longstaff has disappeared.

(From the SUNDAY SUN Toronto, Ont. February 23, 1975)

Erklärung: Zeitungsausschnitt, den der Verfasser einige Tage nach seiner ersten Begegnung mit den „men in black" auf dem Rücksitz seines Wagens vorfand. Der letzte Satz war rot unterstrichen. Könnte dies eine Warnung an den Verfasser gewesen sein, dieses Buch nicht zu veröffentlichen?

Die bedrohlichen »Men in Black« (Männer in Schwarz)

Vor sechs Jahren mietete ein freiberuflicher Schriftsteller namens Paul Longstaff im Staat New York eine einsam stehende Hütte, um ein Buch zu schreiben, das er schon seit langem plante. Longstaff war ein UFO-Enthusiast, und er beabsichtigte, in dem Buch seine Lieblingstheorie zu veröffentlichen, daß nämlich bereits ohne unser Wissen Außerirdische auf der Erde gelandet sind und hier leben. Zuerst lief die Sache ganz gut. Dann aber bekam er an einem klaren, frischen Aprilmorgen Besuch von den „men in black". „Es waren drei", schrieb er später an einen Freund. „Die kamen in einer schwarzen Limousine, und alle drei hatten identische schwarze Anzüge an."

Wie Longstaff erklärte, kamen die Männer mit einer besonderen Geschichte zu ihm. Sie sagten, sie wüßten, daß er ein Buch über Außerirdische schriebe. Und sie wären gekommen,um ihn zu bitten, es nicht zu veröffentlichen.

„Sie identifizierten sich als 'Extraterrestrier'", schrieb Longstaff später. Sie sagten, sie würden gegenwärtig Bergwerks-Forschungen und Erkundungen unter der Polareiskappe und in der Beringsee durchführen. „Sie verhielten sich sehr einschüchternd", fügte er hinzu. „Sie sagten, ich würde einfach „entfernt", wenn ich ihren Wünschen nicht entspräche."

Vergangenes Jahr vollendete Longstaff schließlich sein Manuskript und sandte es einem sehr bekannten Verleger. Es gefiel ihm und er wollte es herausbringen, und um den Vertrag zu machen, versuchte er, mit dem Autor Kontakt aufzunehmen. Aber dabei hatte er keinen Erfolg.

Paul Longstaff war verschwunden!

„SUNDAY SUN" / Toronto/Ontario, 23. Februar 1975

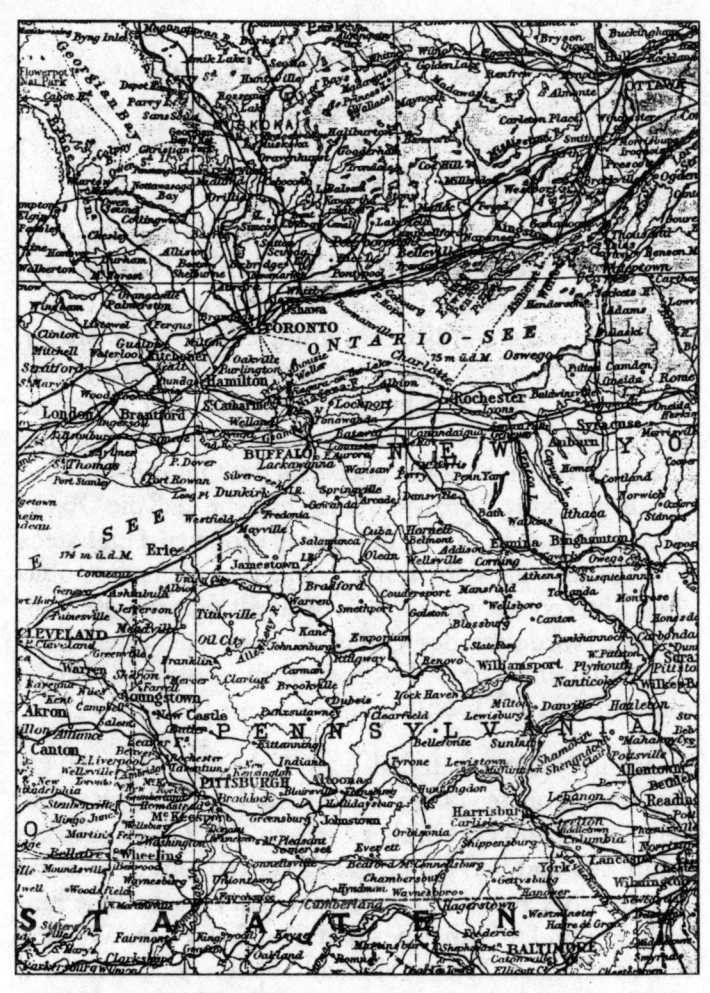

Gebietskarte des Ontario-Sees

Der Ontariosee

Oscar Magocsi, der von der UFO-Aktivität über dem Ontariosee bis 1979 gar nichts wußte, war sehr erstaunt, als er von der starken UFO-Tätigkeit in diesem Gebiet während seiner eigenen Erlebnisse erfuhr.

In der Nacht des 21. März wurde über dem See, ungefähr eine halbe Meile von der Mündung des Niagara entfernt, ein UFO gemeldet. Der Bericht wurde von der regionalen Niagara-Polizei bestätigt. Fünf Nächte später, am 26. März, wurden UFOs von zahlreichen Zeugen bei Port Weller, Ont., ungefähr 17 Meilen entfernt, über dem See gesehen. Diese Sichtung wurde nicht nur von der Niagara-Polizei, sondern auch von der Ontario-Provinz-Polizei bestätigt. Hinzu kam die Tatsache, daß die Objekte vom Radar-Personal des internationalen Flughafens von Toronto als von »fester Natur und nicht dem üblichen Luftverkehr angehörig« beurteilt wurden. Bewohner des Nordufers des Ontariosees beobachteten diese sich entfaltende UFO-Tätigkeit auch zwischen Oakville und Mississauga westlich von Toronto.

Dreizehn Nächte später, also am 8. April, wurden UFOs von der regionalen Niagara-Polizei bei St. Catharines und dem Gebiet von Port Weller gesehen. Die Polizei schickte Boote aus und ließ ein Flugzeug starten, um das Gebiet zu durchforschen, hatte jedoch keinen Erfolg. Viele Einwohner von St. Catharines und dem Gebiet des Welland Kanals sahen die Lichter ebenfalls. Später, jedoch noch in der gleichen Nacht, beobachteten Peter Werner und Dutzende von Augenzeugen mehrere UFOs, die Peter photographierte (siehe Photo!).

Das UFO-Fieber setzte sich am Abend darauf fort. Am 9. April beobachteten über dreißig Zeugen von Niagara-on-the-Lake aus ein UFO über der Mündung des Niagara, weniger als 500 Meter vom Ufer entfernt.

Ist es nur bloßer Zufall, daß diese über dem See beobachteten Objekte dieselbe Farbe aufwiesen – orange –, genau wie es von Oscar Magocsi während seiner Kontakte im Gebiet von Huntsville/Ont. beschrieben wurde, und daß viele dieser Photos gerade in dem Gebiet gemacht wurden, wo der Autor über dem Ontariosee seinen ersten interdimensionalen Transit erlebte? Gemäß den Karten der „Nationalen Meeres-Überwachung", die von der US-Handelskammer veröffentlicht wurden, besteht im Gebiet des Ontariosees eine Abweichung der Magnetnadel von ungefähr 8 Grad. Zwischen März 1975 und März 1980 photographierte die Northeastern UFO-Organisation mehr als zweihundertmal UFOs, die am Himmel über dem Ontariosee manövrierten!

(Weitere Einzelheiten in »Breakthrough to Visibility«, erschienen bei UFO Media Publications Group/Mississauga, Ontario, Canada)

233

Ein Luftbild des Pickering-Kernkraftwerks, ungefähr 20 Meilen östlich von Toronto/Ont. Energie aus diesen vier Einheiten wird in das „Ontario-Hydro-Netz" geleitet. (Mit freundlicher Erlaubnis von Dennis Prophet)

Erklärung: Am 4. August 1975 um 0.10 Uhr schwebte der Verfasser über diesem Werk in einer „Untertasse", kurz bevor sein interdimensionaler Transit über dem Ontariosee erfolgte. (Siehe Seiten 90 ff.)

Sichtungen

Fliegende Untertassen existieren – das ist die Ansicht von Murray Martin, Radiomann Andy Parks und Ed Thornton (v. l. n. r.).

Sightings

FLYING saucers exist — that's the view of, from left, Murray Martin, radio man Andy Parks and Ed Thornton.

—hugh wesley sun

UFOs 'over Pickering'

By MARK BONOKOSKI
Staff Writer

Air traffic controllers say "no way" but there are three ambulance drivers, one policeman, and one deejay who are "damn sure" a dozen UFOs scanned Pickering's nuclear power station last night.

"For eight hours they were up there, floating around, zipping this way and that," said Andy Parks, music director of 14 CHOO radio in Ajax. "Red, green, orange, yellow, hot pink.

"Maybe a mile high. I've seen reports on the news wire for the last six years about UFOs. Never believed them. But seeing is believing."

Parks, following reports of UFO sightings last night, went with a news crew down to Pickering power station where the objects seemed to be centring.

With him were a number of spectators including Ajax-Pickering ambulance drivers Ed Thornton, Murray Martin, and Russ Abram. Durham Regional Police Constable Bob Usher saw the commotion, drove down, and saw the "unidentified flying objects."

Abram said his 12-year-old daughter Karen phoned from home saying that she saw "something strange over the lake" from their ninth-floor apartment . . . and Dad confirmed it was "strange indeed."

But air controllers in Toronto and Oshawa said last night they had heard word of sightings but "picked up nothing on radar."

"You never do on reports such as this," said Toronto International supervisor Don Finlay. "If you do, then that's news."

But Parks "swears" that last night Oshawa flight control tower confirmed the objects as "unidentified."

Last night, however, officials there said they "did not see any UFOs."

Parks, who has a private pilot's licence, said "no planes move like that, no planes pulsate like that.

"Pickering's power station is one of the most powerful in the world. Right?

"Well, someone from another world is on to it now. Believe me!"

The Toronto Sun, Wednesday February 5, 1975

REFERENCES: Exactly 8 months earlier, a dozen UFOs scanned Pickering's nuclear power station.   (NORTHEASTERN UFO FILE)

235

UFOs über Pickering

Von Mark Bonokoski (Redakteur)

Leute von der Luftüberwachung sagen „ach was", aber da sind drei Ambulanz-Fahrer, ein Polizist und eine weitere Person, die völlig sicher sind, daß ein Dutzend UFOs letzte Nacht das Pickering Kernkraftwerk überprüft haben.

„Acht Stunden lang waren sie da oben", sie schwebten, schwirrten hin und her", sagte Andy Parks, musikalischer Leiter von Radio „14 CHOO" in Ajax. „Rot, grün, orange, gelb, tiefrosa."

„Ungefähr eine Meile hoch. Ich habe die letzten Jahre Berichte im Radio gehört, aber nie daran geglaubt. Aber sehen heißt glauben." Parks ging mit einer Gruppe von Radio-Reportern, nachdem sie vergangene Nacht die UFO-Berichte hörten, zum Pickering-Kraftwerk, wo sich die Objekte zu konzentrieren schienen.

Dabei waren eine Anzahl weiterer Beobachter, einschließlich dem Ambulanzfahrer von Ajax-Pickering Ed Thornton, Murray Martin und Russ Abram. Constable Bub Usher von der Regionalpolizei von Durham sah die Aufregung der Leute, fuhr hinunter und konnte ebenfalls die „Unidentifizierten Fliegenden Objekte" beobachten.

Abram berichtete, seine 12 Jahre alte Tochter Karen habe ihn von zu Hause angerufen und gesagt, daß sie „etwas Sonderbares über dem See" von der Wohnung im neunten Stockwerk aus sehen würde..., und der Vater bestätigte, daß es „in der Tat seltsam" war.

Die Leute von der Flugkontrolle in Toronto und Oshawa sagten letzte Nacht, daß sie wohl von den Sichtungen sprechen hörten, aber nichts auf ihrem Radar hatten.

„Auf solche Nachrichten geben wir nichts", sagte Don Finlay vom Internationalen Flughafen Torontos. Aber

236

Parks schwört, daß die Luftkontrolle von Oshawa die Objekte als „unidentifiziert" bezeichnete. Die offiziellen Stellen wollen allerdings letzte Nacht „nichts gesehen" haben.

Parks, der einen Flugschein hat, sagte: „Kein Flugzeug bewegt sich so, und kein Flugzeug pulsiert in dieser Weise."

„Pickerings Kernkraftwerk ist eines der größten in der Welt. Verstehen Sie jetzt? – Wirklich, jemand aus einer anderen Welt ist da nun dran. Glauben Sie mir!"

The Toronto Sun, 5. Februar 1975

Bemerkung: Genau acht Monate zuvor überprüfte ein Dutzend UFOs das Kernkraftwerk Pickering.

Oscar Magocsis Wagen

Foto: Tom Grey

237

26. März 1975
Eines der Ektachrome-Dias, die bei Port Weller aufgenommen wurden. Linker Pfeil: UFO über dem Wasser
schwebend – rechter Pfeil: UFO in der Luft (siehe Bericht
vom Ontariosee).

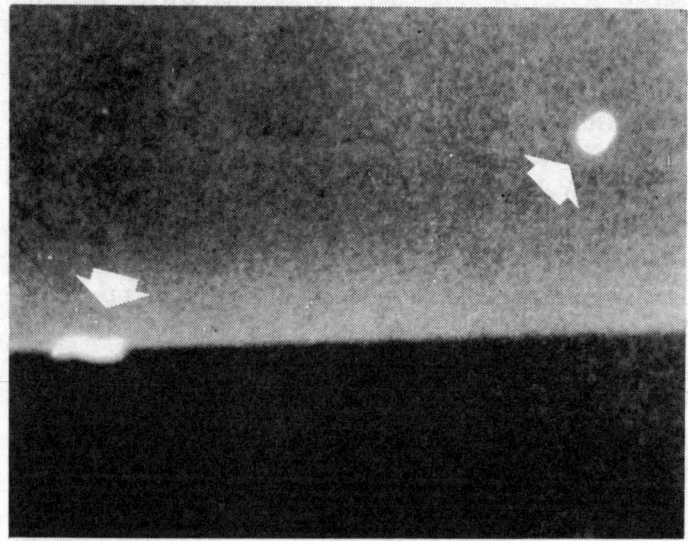

Foto: Malcolm Williams

Das Photo wurde vier Minuten lang belichtet. Es zeigt die Skyline von Toronto, aufgenommen von Niagara-on-the-Lake in der Nacht des 7. November 1975 von David Whitaker, einem Reporter der Niagara Falls Review. Die hellen orangefarbenen Lichter (siehe Pfeil rechts) blieben fast stationär. Der linke Pfeil zeigt auf den Fernsehturm von Toronto. Das Photo wurde aufgenommen durch ein 300 mm-Teleobjektiv auf Tri-X Pan-Film.

Foto: David Whitaker

4. April 1976, Zeit: 21.00 Uhr. Erster und zweiter Zeuge des Phänomens – Miss Marthe Courtney und Harry B. Picken.
Zeit: 22.10 Uhr. Dritter und vierter Zeuge des Phänomens – John Rossiter und Malcolm Williams.
Aufgenommen im genau gleichen Gebiet, in dem der interdimensionale Transit des Verfassers stattgefunden hatte.

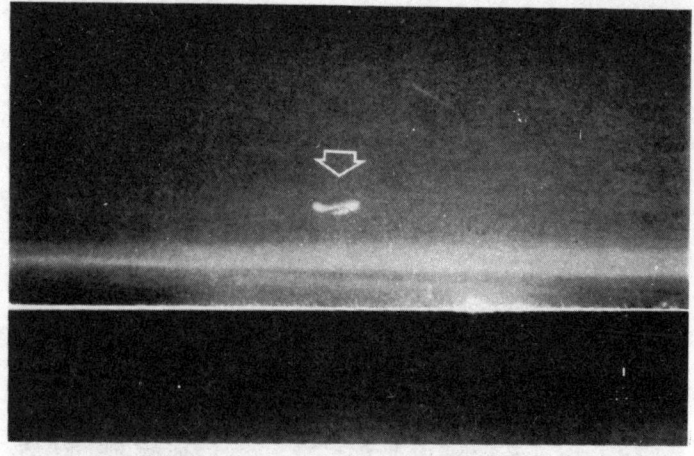

Foto: John Rossiter

4. April 1976: Die Karte zeigt die UFO-Position über dem Ontariosee. Man beachte die Ähnlichkeit zwischen Johns Karte und Oscar Magocsis Karte im Vergleich zu der See-Überwachungs-Karte.

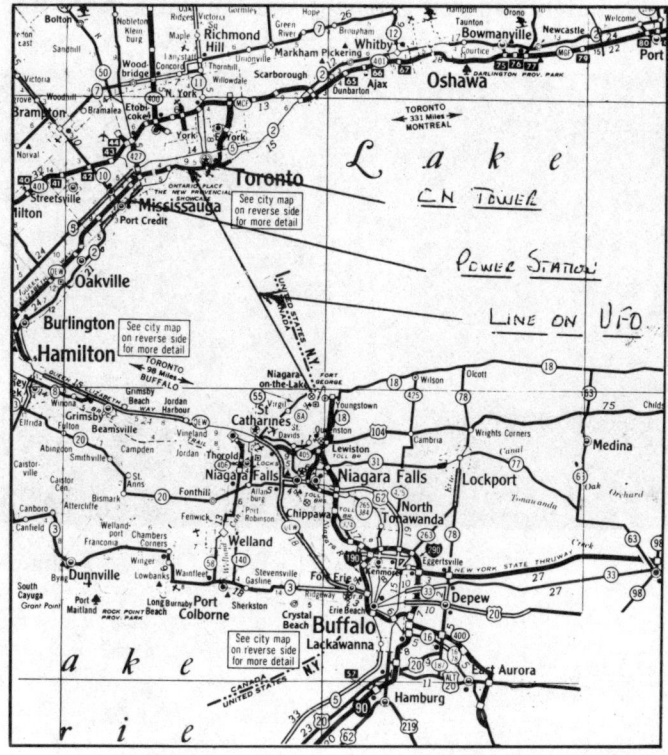

Karte: John Rossiter

Das Bild ist eine von acht Aufnahmen, die in der Nacht des 21. Oktober 1978 über dem Ontariosee gemacht wurden. Dieses Phänomen ereignete sich genau westlich des Fernsehturms von Toronto. Weitere Sichtungen und Aufnahmen konnten gemacht werden am 8. April und 9. November 1979 sowie am 9. März 1980.

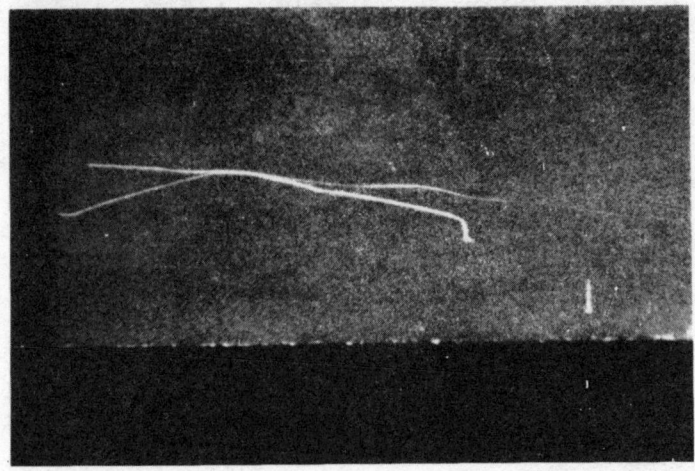

Foto: Grey & Williams

Der Autor auf seinem Muscola-Gelände in der Huntsvil-
le-Ontario-Region

Foto: Oscar Magocsi

ORFEO ANGELUCCI
Geheimnis der Untertassen

Zweite erweiterte Auflage 1983

200 Seiten, Lw.,
Bildnis des Verfassers,
DM 29,70

Einer der allerersten Kontaktler war der Angestellte einer amerikanischen Flugzeugfabrik. Das Buch ist so geschrieben, daß man überhaupt nicht auf den Gedanken kommt, irgendwelche Zweifel an seiner Wahrhaftigkeit zu hegen. Ethik und Technik anderer Rassen auf fernen Gestirnen lassen erkennen, wie weit die Erde noch zurück ist in Technik, Kultur und auch Religion, das heißt: Ausübung der Religion.

In den USA war dieses Buch sofort ein Bestseller. Es zeigt, wie vielschichtig das IFO-Problem ist und daß verschiedene Wissensgebiete zusammenhelfen müssen, um dieses erregende Thema in seiner ganzen Tiefe erforschen zu können. Wer es gelesen hat, ist geistig reicher geworden; darum sollten es alle lesen, auch Zweifler.

Zahlreiche besonders bemerkenswerte Leserbeurteilungen aus zwei Kontinenten bekunden ihre verständnisvolle Begeisterung und übermitteln dieselbe als Ermunterung an die neue Generation junger Menschen ...

VENTLA-VERLAG D-6200 Wiesbaden 13, Postfach 130185

HOMOGENIUS/RO

Wissenschaftler des Uranus testen Erdvölker

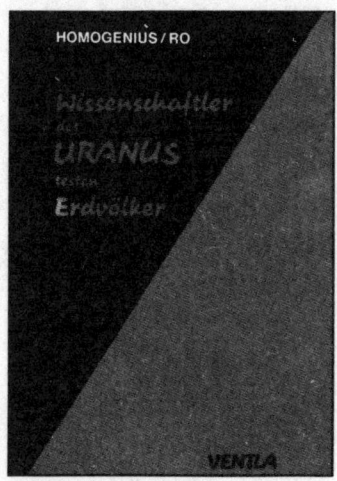

Telepathisch niedergeschrieben
von P. Leopold. 162 Seiten,
brosch., 10.Fotos, 3 Karten,
DM 19,80.

Dies ist wohl eines der seltsamsten Bücher, die je erschienen sind. Telepathisch vermittelt von zwei außerirdischen Wesenheiten. Zwei auf der Erde gelandete Uranier übermitteln Vorschläge an die Erdenmenschheit. Zweiflern sei gesagt, daß der Empfänger dieses außergewöhnlichen Inhalts nichts davon aus eigenen Kenntnissen dartun konnte, da er aus begreiflichen Gründen keinerlei derartiges Wissen verfügbar hat.

Ein beträchtlicher Teil von Astronomen behauptet, in unserem Sonnensystem trage nur unsere Erde intelligentes Leben. Dem stellen wir die Aussagen zweier Bewohner des Uranus: Homogenius und Ro, gegenüber, die – das ist unsere Voraussetzung – über ihre eigene Lebenswelt und Heimat besser Bescheid wissen als Menschen der Erde, die den Uranus noch nie besucht haben. In ufologischen Kreisen steht jedoch seit Jahren fest, daß wir von Extraterrestriern besucht werden.

Die Kompliziertheit im Wissen und Handhaben von Naturkräften – speziell den interstellaren Verkehr betreffend und für uns vorläufig unerreichbar – zeigt ihre tatsächliche Überlegenheit. Aufgrund ihres Evolutionsstandes ist für sie jedoch alles relativ einfach, da ihnen zufolge ihrer gefestigten praktischen Ethik Schöpfungsgeheimnisse anvertraut werden können, die sie nur im Dienst der Nächstenhilfe verwenden.

So ist also dieses seltsame Buch der Fremden sowohl ein Menetekel als auch eine große beglückende Hoffnung und Versprechung, wenn wir uns ändern, bessern, einsichtiger werden. Dieses Buch, als eine verlegerische Tat, sollte in Hunderttausenden von Exemplaren in die Hände der Menschen gelangen. Die Folge solcher Saat könnte eine unerwartete gute Ernte einbringen.

Aus dem Inhalt:

I. Teil: HOMOGENIUS
Geheimnis der Schwingungszahlen – Beschreibung der Antriebskräfte – Zweck der Reisen zu anderen Planeten – Inneneinrichtung des Flugobjektes – Störungsmöglichkeiten durch Erdenmenschen – Pflichten der Planetarier – Kontaktvorgänge – Kommunikationsgefahren.

II. Teil: RO
Lebenszustände auf dem Uranus – Willenskräfte zur Formung der Materie – Erdenmenschheit vor einem Abgrund – Landung auf der Osterinsel – Überwachungsaufgabe durch Planetarier – Start zur Erdausstrahlungsvermessung – Harmonie des Alls – Zukunftsaussichten – Schlußbericht: Auffallend hohe Flugtätigkeit der UfOs in den Monaten September und Oktober 1973.

ELIZABETH KLARER
Erlebnisse jenseits der Lichtmauer

301 Seiten, 71 Fotos, DM 33,-

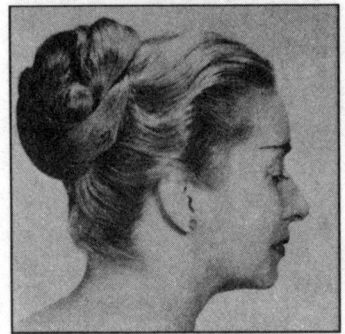

Elizabeth Klarer

Jenseits der Lichtmauer

VENTLA

Ein Buch der Superlative! Das Fazit wird sein: Diese erdgeborene Frau verkörpert das eklatante Beispiel eines kosmischen Wesens mit universellem Bewußtsein. Genau danach verläuft ihr Leben.

Schon als Kind durch ein unvergeßliches Sichtungsereignis mit Firmamentphänomenen verbunden, vollzieht sich ihr Werdegang: künstlerische, meteorologische, flugtechnische, politische Ausbildung und Betätigung, Reisen, Ehe, Mutterschaft, Flüge als Pilotin ... Doch wie goldene Fäden ziehen erst mehr unbewußt und dann, durch ungewöhnliche Fügungen bedingt, schwerwiegende Erlebnisse durch ihr ganzes Leben und prägen sie zur bewußt kosmischen Persönlichkeit. Wohl auf dieser Erde aufgewachsen, fühlt sie sich aber als Fremde und erlebt ihr wahres „Zuhause" durch das Zusammentreffen mit AKON in der Liebe zu ihrem Dual, einem Sternenmann.

Alle relevanten Vorkommnisse spielen sich ab – meist mit Zeugen – in ihrer südafrikanischen Heimat, in und über einer grandiosen Landschaft, über weltbekannten südafrikanischen Städten, im Raumschiff, im Weltall und auf einem Planeten des benachbarten Sonnensystems Proxima Centauri.

Was Elizabeth dort in viermonatigem Aufenthalt erlebt, übersteigt alle Phantasie. Die höchste Phase bleibt dem Leser vorbehalten als Kulmination ... Frau Klarer ist mehr als eine Autorin; sie hat eine hochbedeutsame Mission in der *Koordinierung* humanitärer, künstlerischer, wissenschaftlicher und kosmischer Kategorien – z. B. Aufschlüsse über den Bau der Ätherschiffe oder natürlich-kosmische Energieerzeugung – zu erfüllen, als Anregung und logische Schlußfolgerungen für Ingenieure, Biologen, Naturwissenschaftler, Ärzte, Politiker, Astronomen, für die Jugend und für die Menschheit als Sinnbild und Vorbild.

Mit diesem Buch ist die jahrtausendelange Isolation der Menschheit durchbrochen. Ereignisse von epochaler Bedeutung.   Karl L. Veit

VENTLA-VERLAG D-6200 Wiesbaden 13, Postfach 130185

G. S. LEONA / K. u. A. VEIT
Evakuierung
in den Weltraum

364 Seiten, gebunden,
32 Illustrationen, DM 32,70

Die Morgendämmerung des
Kosmischen Zeitalters hat ein
Wissen erreicht, das bis kürzlich
noch unvorstellbar war. Dieses
Buch enthält die Ankündigung
einschneidender, schicksals-
schwerer Ereignisse in einer Ab-
wicklung, wie sie in wahrhaft
super-epochaler Bedeutung
unser Planet noch nicht erfuhr.
Über ein Dutzend Außerirdische, die durch ihre erwählten
Kontaktpersonen aus verschiedenen Kontinenten zu uns sprechen, übermitteln unabhängig
voneinander ein überzeugendes
Mosaik alles dessen, was auf
unsere Erde und die Menschheit zukommt.
Bibel und Texte von Neu-Offen-
barungen erhärten die Brisanz
endzeitlicher Dekadenz und
vermitteln zugleich Zuversicht
und Lösung einer Neugestal-
tung ordnungsvoller Zukunft
durch Planetarier-Kräfte und
Direkteinwirkung Gottes.
Diese kosmisch-terrestri-
schen Ereignisse betreffen die
Anhänger des Materialismus genauso wie die Klassen der Intel-
lektuellen, die Parteien, die Kirchen und Geisteskreise, ausnahmslos alle Rassen, Völker
und Erdteile – kurzum die
gesamte Menschheit.   lgt

Leserstimmen
Überraschend erhielt ich „Evakuie-
rung", las ich sofort – einfach wunder-
voll; dieses Buch ist die Krone Ihrer
Literatur. Wünsche besten Erfolg.
R. Modeen, Santiago de Chile

Mit größtem Interesse habe ich Ihr
neues Buch „Evakuierung in den
Weltraum" gelesen. Das Werk bringt
eine Fülle neuen Materials, die ge-
radezu Staunen erregt, das selbst für
den erfahrenen Esoteriker noch wertvolle Bereicherung bedeutet. Zu dem
geglückten Werk kann man nur gratu-
lieren! W. Losensky-Philet, Grassau

. . . Durch das Buch „Evakuierung in
den Weltraum" wurde eine neue Me-
thode des UFO-Indiz in die Forschung
hereingebracht . . .
Dr. Walter Bühler, Rio, Herausgeber
des SBEDV/Brasilien

Es hat einen realen Wert und besitzt
die Kraft, zu überzeugen, ist großartig
und faszinierend. Der Inhalt gibt Anlaß zum richtigen und verantwor-
tungsvollen Bewußtsein und Denken.
Mein geistiges Wissen hat sich dank
Ihrer Mühe und aufopfernden Arbeit
sehr bereichert. In aufrichtiger Ver-
bundenheit.
Gretl Dillenius/Schweiz

. . . „Evakuierung" ist und bleibt eine
unermeßliche Tat für den Kosmos, für
die neue Zeit, das Morgen, welches
bereits über den Horizont schim-
mert . . .   Ursula H., Luzern

GIORGIO DIBITONTO

Engel
in Sternschiffen

234 Seiten, 18 Bilder,
brosch.
Sonderpreis DM 19,80

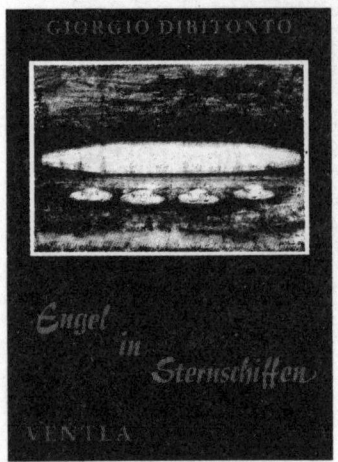

All das, was in diesem Buche beschrieben ist, hat sich wirklich
ereignet.

Giorgio, Tina, Paolo und andere Freunde haben etliche Begegnungen „Auge in Auge" mit Brüdern aus dem All gehabt,
mit Reisen in Sternschiffen und Gesprächen, wobei ihnen
eröffnet wurde, sie seien die sogenannten „Engel" der Bibel
oder jene Vermittler und „Botschafter", deren sich der göttliche
Wille bedient hat und immerzu bedient, um sich den Menschen der Erde zu offenbaren und sie auf dem Weg der Höher-
führung durch die Liebe zu lenken.

Es mangelt nicht an Aufforderungen, die Wege zum Guten ein-
zuschlagen; denn es naht die Zeit großer Katastrophen,
schrecklicher Ereignisse, von denen die Apokalypse spricht,
und des Tages, an welchem „die einen weggenommen und die
anderen zurückgelassen" werden.

Im Laufe solcher Begegnungen hat die Gruppe wichtige Offen-
barungen und Botschaften von äußerstem Ernst empfangen,
welche alle Bewohner unseres geplagten Planeten angehen.

Bei einigen dieser außerordentlichen Zusammenkünfte sind
die irdischen Freunde, denen Botschaften und Belehrungen
anvertraut worden waren, auch Gäste der Fliegenden Scheiben
und der Sternenschiffe gewesen, die sie mitgenommen haben,
um einen fernen Planeten zu besuchen und sie wunderbare Erfahrungen machen zu lassen, geradeso, wie es vor dreißig Jahren George Adamski widerfahren war.

Die Lektüre (vor allem aber das Verstehen) dieses Werkes ist
wichtig und vielleicht entscheidend für jeden Menschen.

                                        Eufemio del Buono

VENTLA-VERLAG D-6200 Wiesbaden 13, Postfach 130185